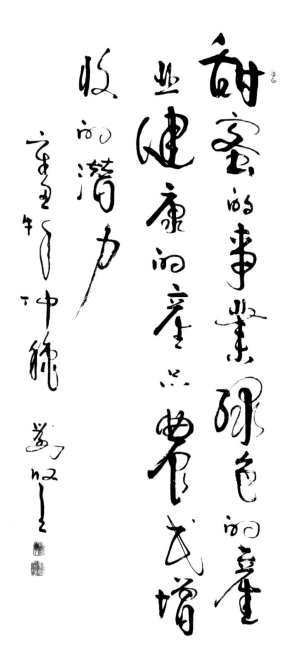

甜蜜的事业绿色的产业

健康的产业帮助增收的潜力

原国务院参事、国务院扶贫办主任、农业部副部长，
全国农业科技创业创新联盟主席　刘坚

生产优质成熟蜂蜜

推动中国蜂业发展

李彬之

国家科技部奖励办原副处长、中国蜜蜂产业资深顾问　李彬之

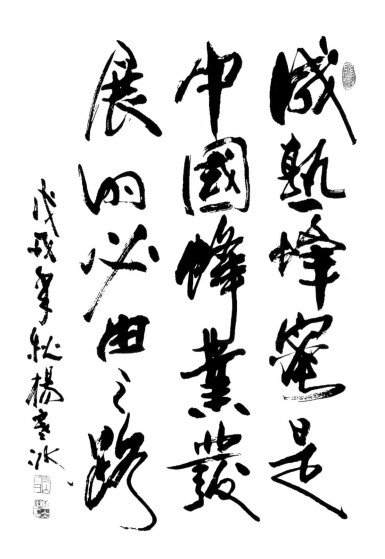

成熟蜂蜜是
中国蜂业发
展的必由之路

戊戌年秋杨寒冰

中国蜂产业著名专家、《中国蜂产品报》主编　杨寒冰

科技逐峰决胜未来

度势匆忻不负时代

陆庆光

中国农业科学院研究生院原副院长、国际著名生物防治专家　陆庆光

①多箱体养蜂场（刘富海 摄）
②数字化监控多箱体蜂群（刘富海 摄）
③多箱体养蜂配套起重机（刘富海 摄）

借助起重机给多箱体蜂群加继箱（刘富海 摄）

检查多箱体蜂群（刘富海 摄）

用吊机给多箱体蜂群加脱蜂板（彭文君 摄）

①脱蜂板（罗婷 摄）
②脱蜂板脱除储蜜继箱中的蜜蜂（刘富海 摄）
③撤除储蜜继箱后，脱蜂板上的蜜蜂爬回蜂巢
　（刘富海 摄）

储蜜继箱集中存放在车间内进行干燥（刘富海 摄）

自动化摇蜜机（刘然 摄）

①　②
③

①笼蜂过箱（刘然 摄）

②标记蜜蜂（罗婷 摄）

③利用叉车协助多箱体蜂群转地放蜂（刘然 摄）

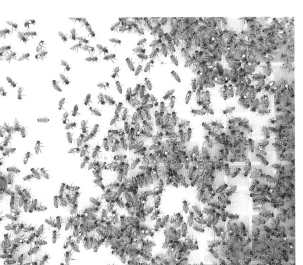

成熟蜂蜜（罗婷 摄）

浅继箱中的成熟蜜脾（罗婷 摄）

成熟蜜脾（刘富海 摄）

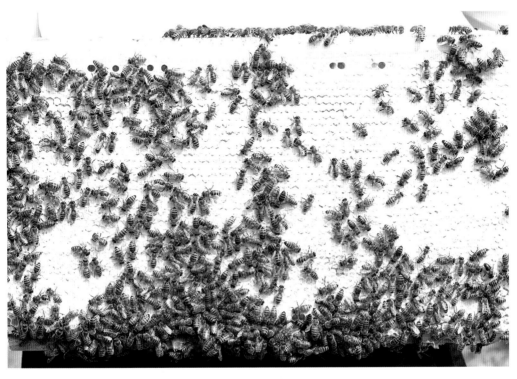

成熟蜜脾（罗婷 摄）

"品字型"蜂箱生产蜂王浆（刘富海 摄）　　　　三个蜂王交尾群与浅继箱组建的采蜜群（刘富海 摄）

多箱体蜂群越冬（罗婷 摄）

国家科学技术学术著作出版基金资助出版

中国成熟蜂蜜
生产技术

彭文君　刘富海 等　编著

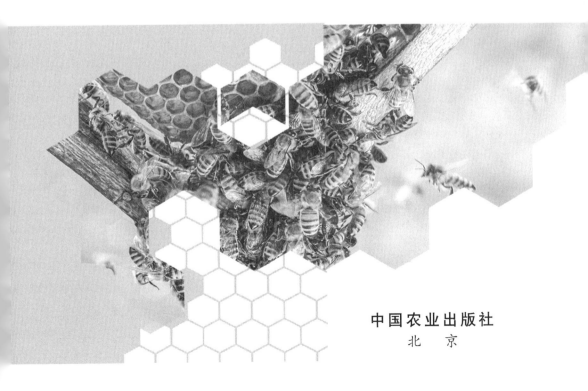

中国农业出版社

北　京

编写人员名单

主　　编　彭文君　刘富海

副 主 编　罗　婷　苏慧琦

参编人员　（排名不分先后）

彭文君　罗　婷　苏慧琦　刘　然

刘富海　韩胜明　张　瑞　吴黎明

刘进祖　李彬之　王宝龙　赵亚周

田文礼　薛晓锋　方小明　王顺海

薛永胜　刘全收　李　强　赵景民

陈振强　宋　平　初海瑞　刘博浩

主　　审　韩胜明　薛永胜

顾　　问　李彬之　陆庆光　骆尚骅　王守礼

感谢福建农林大学蜂学学院周冰峰教授，美国密歇根州立大学黄智勇教授，中国农业科学院沈基楷研究员、黄文诚研究员等指导，感谢蜂业界很多朋友提供的帮助。

温 馨 提 示

1. 中国南北蜜源、气候差异很大，蜂群管理有所不同。本书有些内容以北京地区蜜源、气候等举例说明，意在抛砖引玉，不能生搬硬套。适合您的最佳养蜂方法，需要您根据当地蜜源、气候情况做相应调整。

2. 本书中的养蜂方法，是针对中国饲养的西方蜜蜂的养蜂方法，如果您饲养的是中华蜜蜂，本书一些内容可以借鉴，有些内容不适合照搬。中华蜜蜂生产成熟蜂蜜，需要根据中华蜜蜂的习性，重新探索总结相应的蜜蜂饲养管理技术。

3. 本书"成熟蜂蜜生产技术"，不同于中国已经传承100多年的传统两箱体蜂蜜生产技术。很多技术细节，在中国属于新的尝试，有些内容还不完善，需要在今后的养蜂生产实践中继续总结和改进。

4. 为节省读书时间，很多内容力争简明扼要，通俗易懂，点到为止，没有展开详细讲解。您在阅读本书过程中，如果遇到不明白之处，欢迎与作者沟通，最好加入"《中国成熟蜂蜜生产技术》读者俱乐部"与大家一起交流学习，共同提高。

5. 在阅读本书过程中，如果您觉得有什么地方不对，需要改进，或有更好的方法、建议，希望您不吝赐教，把您的发现告诉我们，我们会非常高兴，也非常感谢能够得到您的反馈意见。您的建议对我们很重要，我们会把您的好建议或好方法吸收到下次再版图书中，以进一步完善中国成熟蜂蜜生产技术。让我们携手为中国养蜂事业的发展共同努力。

序

  乡村振兴，实现农业农村现代化，产业兴旺是重中之重，增加农民收入是关键之关键。

  养蜂业既是古老的产业，又是最有希望的绿色产业，更是增加农民收入的特色产业。昆虫产业温室效应低，又是许多植物授粉媒介，具有多种功能，应作为乡村振兴的重要产业进行规划和推进。

  由于传统的"两箱体，喂白糖，勤取蜜，取稀蜜，浓缩蜜"蜜蜂饲养方法及蜂蜜生产方法，生产的蜂蜜产量低、质量差，蜂蜜的营养价值不能充分体现，养蜂者的收入上不去，制约了产业的发展。

  针对这些制约我国养蜂业发展的问题，中国农业科学院蜜蜂研究所所长彭文君带领团队经过数年的研究，形成了一套成熟的蜂蜜配套生产技术，填补了高质量发展蜂蜜产业的空白。这是一套具有国际先进水平、国内领先、新颖实用、操作性强的技术体系。这套技术的总结、推广，将为我国养蜂产业带来一次重大的变革！我希望不仅要积极地推荐《中国成熟蜂蜜生产技术》这本书，还要以这套技术为核心，大力宣传发展养蜂产业的意义和前景。

  我国蜜源植物约有6亿亩，可容纳1500万群蜜蜂，目前我们只有900多万群蜜蜂，有很大的发展空间。我们要举办培训班，在线上线下积极普及；要抓好典型，将科技创新转化为生产实践，给蜂业插上科技的翅膀，把蜂产业打造成为践行生态文明思想、高质量发展的生动案例。

　　我还有个更长久一点的建议，就是要以养蜂业为切入点，积极推进昆虫产业的发展。昆虫产业转化率高，温室效应低，蜂蛹等很多昆虫的蛋白质营养价值很高，产投比高，况且在我国很多地方发展昆虫产业是有经验和基础的。昆虫产业，也是联合国粮食及农业组织积极推进的产业，我们要结合当地实际情况，大力推动这个很有希望的产业！

　　　　　　原国务院参事、国务院扶贫办主任、农业部副部长，
　　　　　　全国农业科技创业创新联盟主席

　　　　　　　　　　　　　　　　　2021 年 5 月 30 日

前言

　　人类利用蜜蜂的历史非常悠久。据文献记载及文物考证，距今至少有 9 000 年的历史。

　　纵观中国利用蜜蜂、饲养蜜蜂的历史，主要经历了三大阶段。

　　第一阶段，是公元前，原始社会，猎取野生蜂巢，获取蜂蜜的时代。

　　第二阶段，是新石器时代以后，特别是到东汉时期，将野生蜂巢移到家养，逐步以空心树段、草编、枝条、陶罐、黏土管等制成的原始蜂巢饲养蜜蜂的时代。

　　第三阶段，1913 年，引进了意大利蜜蜂及活框养蜂技术，开始了中国现代活框蜂箱饲养蜜蜂的时代。

　　自从引进了西方蜜蜂及活框蜂箱饲养技术以后，中国蜂业得到了长足的进步和空前的发展。到 1949 年，中国养蜂数量已经达到 50 多万群。到 2019 年，蜂群数量已超过 900 万群。中国的蜂群数量、从业人数、蜂蜜产量、蜂蜜出口量等，均居世界首位，是世界上第一养蜂大国，但绝非是养蜂强国。

　　上千年来，中国养蜂人，从毁巢取蜜发展到两箱体活框蜂箱养蜂取蜜，取到的是未封盖的稀蜜、刚封盖的半成熟蜂蜜和完全封盖转化好的成熟蜂蜜，如果这些蜂蜜混到一起，蜂蜜水分含量会偏高，蜂蜜容易发酵变质。

　　毁巢取蜜，一群蜜蜂一年只能取几千克到十几千克蜂蜜。

　　活框蜂箱取蜜，一群蜂一年可以取几十千克，甚至上百千克蜂蜜。

　　到了 20 世纪五六十年代，中国开始了"转地养蜂，追花夺蜜"。特别是到了 1982 年，国家有关部门制定了蜂蜜"三等四级"标准，蜂蜜理化指标中，允许生产和收购含水量 25％、浓度为 39 波美度的稀蜜，中国逐步形成了"勤摇蜜、取稀蜜"的热潮。

受蜂蜜收购商压价影响，不同浓度的蜂蜜之间差价很小，再加上受专家、师傅、同行的引导，一直到现在（2021 年），低浓度蜂蜜生产仍盛行全国，"浓缩蜂蜜"成为市场主流。

几十年来，除了一部分蜂场和企业生产销售成熟蜂蜜之外，还有大量的稀蜜、浓缩蜜、饲料糖蜜、抗生素蜜，甚至假蜜，充斥中国蜂蜜市场，中国蜂业已经到了非改不可的地步。

当今，中国是世界公认的养蜂大国，也是世界蜂业界很多人印象中蜂蜜质量比较差的国家。中国生产的蜂蜜出口价格，与美国、新西兰、加拿大、澳大利亚、意大利、赞比亚、印度尼西亚等国家生产的蜂蜜出口价格相比，相差几倍、十几倍。如果中国养蜂生产方法不改变，蜂蜜的品质不提高，养蜂效益上不去，中国的养蜂业将不可能健康发展，中国蜂业会逐步后继乏人。

为了改变目前中国蜂业现状，中国农业科学院蜜蜂研究所彭文君研究员带领团队，自 2017 年开始，在北京及全国范围内率先研究、示范、推广"天然成熟蜂蜜优质高产技术"，经过几年的研究、示范、推广，本技术足以使中国蜂蜜进入"天然成熟蜂蜜时代"。

"天然成熟蜂蜜优质高产技术"研究示范推广，可以改变中国长期不科学的蜜蜂饲养方法、蜂蜜生产方法、蜂蜜加工方法，大大提高蜂蜜的产量和质量，提高养蜂经济效益，是中国养蜂历史上又一次重大变革。

天然成熟蜂蜜优质高产技术研究示范推广课题组

2021 年 5 月 30 日

成熟蜂蜜中国蜂
业发展必由之路

目录

第一章

成熟蜂蜜——中国蜂业发展的必由之路

一、成熟蜂蜜的概念

成熟蜂蜜，是指蜜蜂采集植物的花蜜、蜜露，与蜜蜂自身分泌物混合后，经蜜蜂充分酿造成天然甜物质，再将其存储在蜂巢的蜂房中，并用蜂蜡将其密封，封了蜡盖的蜂蜜在蜂房内继续转化，使其水分含量达到18%以下、蔗糖含量5%以下、葡萄糖和果糖总量达到70%以上，在常温、避光、干燥环境及密封容器中长期存放不易发酵变质的纯天然蜂蜜（图1-1）。

图1-1　封盖蜜脾

（刘富海　摄）

成熟蜂蜜，转化时间长，转化充分，水分含量低，没有人为添加其他物质，没有加热灭菌浓缩，保留了蜂蜜原有的风味和成分（图1-2）。

二、成熟蜂蜜的作用

自古以来，蜂蜜一直就是人们喜爱的药食两用的食物。蜂蜜不仅美味且富含营养，对人体健康有诸多好处。

《神农本草经》中将蜂蜜列为"上品"，"主养命以应天，无毒，多服久服不伤人"。上品的主要功效是调养生息，这类药材对身体没有毒性，服用剂量

什么是成熟蜂蜜

图 1-2　不同花种成熟蜂蜜

（罗婷　摄）

　　注：不同植物开的花，其颜色、形状、香味各不相同。不同植物的花分泌的花蜜成分也有所不同。蜜蜂采集不同植物花蜜酿造的蜂蜜，其成分、颜色、香味也不同。不同花种蜂蜜、不同成熟度蜂蜜在不同温度下表现的结晶状态、颜色、口感也不相同。

大，长期服用对人体不会造成伤害。想要使身体轻捷、补养气血、延年益寿的人可以服用蜂蜜。

　　《神农本草经》中记载：蜂蜜，味甘，性平。主治心腹邪气，诸惊痫，安五脏，诸不足，益气补中，止痛解毒，除众病，和百药。久服强志轻身，不饥不老，延年。

　　《本草纲目》记载的蜂蜜入药之功有五："清热也，补中也，解毒也，润燥也，止痛也。生则性凉，故能清热；熟则性温，故能补中；甘而平和，故能解毒；柔而濡泽，故能润燥；缓可去急，故能止心腹肌肉疮疡之痛；和可致中，故能调和百药，而与甘草同功。"

　　《中华人民共和国药典》记载：蜂蜜补中，润燥，止痛，解毒；外用生肌敛疮。可用于脘腹虚痛，肺燥干咳，肠燥便秘，解乌头类药毒；外治疮疡不敛、水火烫伤等（图 1-3）。

蜂蜜的作用

图 1-3　《神农本草经注》《本草纲目》《中华人民共和国药典》
　　　　有关于蜂蜜的记载

（罗婷　摄）

现代科学研究认为：蜂蜜对人体健康的价值有多个方面，最主要的作用是补充营养，抗菌、消炎、抗氧化，是没有毒副作用的药食两用蜜蜂产品。

三、养蜂人不愿意生产成熟蜂蜜的原因

很多养蜂人不愿意生产成熟蜂蜜，而习惯生产稀蜜，主要有下面几个原因：

（1）对成熟蜂蜜的概念及生产天然成熟蜂蜜的重要意义认识不足。

（2）对温度对蜂蜜抗菌、消炎、抗氧化能力等的影响认识不足。

中国蜂蜜存在
的严峻问题

（3）对引起蜂蜜发酵变质的原因认识不足。

（4）制定的蜂蜜生产技术规范、蜂蜜质量标准及质量控制方法不合理。

（5）稀蜜、不成熟蜜，经过加热浓缩后，能够符合国家现行的蜂蜜质量标准。

（6）稀蜜、成熟蜂蜜，收购价相差无几，养蜂人认为生产稀蜜更合算。

（7）两箱体养蜂，中间加一个隔王板，在流蜜期，如果蜂窝中有蜜不取，蜂窝中装满蜜后，蜜蜂再采回来的蜜就没地方存放了，会影响蜂蜜的产量（图1-4、图1-5）。

图1-4 传统两箱体养蜂蜂场
（刘富海 摄）

（8）养蜂人认为把蜂窝中的蜜取走后，蜂窝中缺蜜会提高蜜蜂采蜜积极性。

（9）有些养蜂人心急，见蜂窝中有蜜就想摇，把蜂蜜摇出来才安心。

（10）很多人认为取蜜次数越多，蜂蜜产量越高。认为勤取蜜、取稀蜜的产量是取成熟蜂蜜产量的好几倍。

为什么养蜂人不愿生产成熟蜜

两箱体养蜂效益低

图 1-5　传统两箱体养蜂场

（刘富海　摄）

（11）养蜂人认为取成熟蜂蜜，周期太长、产量太低、生产成本高，没有好价钱肯定会亏本。还认为成熟蜂蜜价格高，不好卖。

（12）蜂蜜收购商只想低价收蜜，价格越低越好。浓度高的蜂蜜，价格高，不收。

（13）很多人认为，中国当地没有连续好蜜源，需要经常转运蜂群追花夺蜜，蜂箱不能太高，蜂群群势不能太壮，蜂箱中不能有太多蜂蜜。转地养蜂不适合生产成熟蜂蜜。

（14）很多养蜂人也想生产成熟蜂蜜，可是没有足够的蜂箱、巢础、巢框，没有取成熟蜜的设备，蜂群也不够强壮，只能暂时用现有的两箱体进行养蜂生产，要想生产成熟蜂蜜只有条件具备了才行。

（15）养蜂是个技术活，中国传统的养蜂方法，都是相互学习相互影响传承下来的，大家都是这样养，都是这样做的。

正是上面这些认识和观念，导致了中国养蜂人习惯取稀蜜，不愿意生产成熟蜂蜜。

四、养蜂效益低导致养蜂后继无人

目前，中国除了饲养中华蜜蜂（中蜂）之外，还主要饲养西方蜂种蜜蜂。中蜂群势相对较小，不生产蜂胶和蜂王浆，以生产蜂蜜为主，基本上是定地饲养。饲养的西方蜂种蜜蜂，主要是意大利蜜蜂（意蜂）、卡尼鄂拉蜂（卡蜂）以及卡尼鄂拉蜂与意大利蜜蜂杂交蜂等蜂种，蜂群群势强，采蜜能力强，还能生产蜂胶、花粉、蜂王浆等多种蜜蜂产品。为了提高蜂蜜产量、增加收入，许多养蜂人追花夺蜜，转地养蜂。

最近这些年，不管是定地养蜂还是转地养蜂，中国的养蜂人养蜜蜂基本上都没有明显效益，一群蜜蜂一年的毛收入1000元左右，养100多群蜜蜂，一年的毛收入也就是10多万元，去掉运费、蜜蜂饲料费，剩下几万元，如果折合成工资，还不如打工挣钱多。走南闯北，风餐露宿，起早贪黑，辛辛苦苦，却挣不到几个钱。如果年景不好，还会赔钱。很多养蜂人已经不准备再继续养蜜蜂了。尽管这样，还是有很多养蜂人愿意一辈子坚持养蜜蜂，他们心中对蜜蜂有一种特殊的爱。但是，很多养蜂人的儿女却很少有人愿意再跟着父辈继续养蜂。老一辈养蜂人逐渐老去，年轻人又不愿意养蜂，中国的养蜂业面临后继无人的窘境（图1-6）。

养蜂效益低导致养蜂后继无人

图1-6　中国养蜂业已经青黄不接，后继无人

（刘富海　摄）

五、养蜂效益低的原因

养蜂效益低有很多原因，主要有以下几个：

1. 蜂蜜价格低

中国市场蜂蜜价格有高也有低，极少数价格高的蜂蜜，1千克蜂蜜售价数千元，中蜂、意蜂成熟蜂蜜普遍1千克上百元，稀蜜、浓缩蜜、不纯正的蜂蜜，价格比较低，有的1千克十几元钱。

会养蜜蜂又会卖蜂蜜的，蜂蜜质量好、有特点，蜂蜜价格就会高。自己养蜂却不会卖蜂蜜，生产的蜂蜜质量不好的，只能低价卖给收购商，蜂蜜价格就会很低。蜂农、合作社、销售公司合作生产和销售，养蜂人的蜂蜜价格会高于市场收购价，养蜂人的收益就会稍好一些。

蜂蜜价格低，主要还是因为养蜂人自己不会卖蜂蜜。会养蜂不会卖蜂蜜，只想把取的蜂蜜卖给收购商，效益就不会太高。如果希望收购蜂蜜的中间商能够主动提高蜂蜜收购价格，甚至价格翻一番、翻两番……在现实中，这种想法很难实现。企业追求的是利益，收购价格越低越好，卖出的价格越高越好。要想获得更多利润，还得靠养蜂人自己，要自己生产优质蜂蜜，确保蜂蜜的品质和营养价值，要让吃蜂蜜的消费者真正受益，才能在自己的营销服务中获得更多的利润。

2. 蜂蜜产量低

野外生存的蜜蜂，不受人类的控制，会采集储存超过其生存所需之外的更多蜂蜜。这些多出来的蜂蜜数量，不同地区不同位置会有所不同，一般不会超过 15 千克。在相同的地区和相同的蜜粉源条件下，中国传统的"精细管理"的蜂群，蜂蜜产量一般会超过 50 千克。而强群多箱体"粗放管理"的蜂群，在资源相同的情况下，蜂蜜产量可以达到 150 千克，甚至 200 千克、250 千克或者更多。这些差异主要是因为蜂群管理不同产生的。

中国养蜂，上百年来一直采用"平箱"或"两箱体"繁殖蜜蜂生产蜂蜜，"精细化管理"、"用白糖换蜂蜜"、春季加强"保温"、"弱群提前"繁殖、"长途转运追花夺蜜"、"勤取蜜取稀蜜"等养蜂生产方式，导致蜂群群势不强，蜂蜜产量不高，品质不好，效益很低。

3. 蜂蜜质量差

中国养蜂，因为是"单箱体"或"两箱体"养蜂取蜜，在大流蜜期蜂箱很快会装满花蜜，为了让蜜蜂有地方继续装花蜜，追求更高的蜂蜜产量，这些花蜜还没有被蜜蜂酿造转化，就被摇了出来，为蜂群腾出更多装蜜空间。这种被取出的花蜜，水分含量高，抗菌能力差，常温下很容易发酵变质。这种蜂蜜习惯上被称为"水蜜""稀蜜"或"不成熟蜜"。

为了防止不成熟蜜发酵变质，蜂蜜加工商会对这些稀蜜加热灭菌和浓缩，营养价值进一步被破坏，而且还有很多稀蜜含有白糖、抗生素等外来成分，一旦检测不合格，这种蜂蜜就卖不出去，就会赔钱。严重的还会面临罚款、坐牢的风险。

4. 假蜂蜜扰乱市场

按照现行的国家蜂蜜标准及检测方法检测蜂蜜，勾兑的"假蜂蜜"有可能完全符合国家蜂蜜标准，有些真正的天然好蜂蜜却有可能被检测为不合格的"假蜂蜜"。正是由于蜂蜜生产过程及质量监控体系没有完善，蜂蜜真假难辨，一些不法分子利欲熏心，导致劣质蜜及假蜂蜜在中国市场经常出现。假蜂蜜成本低、售价低，直接扰乱了真蜂蜜市场。

5. 缺乏正确的宣传和消费引导

从古至今，了解蜂蜜的人都知道，蜂蜜可"清热泻火，润肠润肺"，是蜜蜂采集花蜜酿造成的具有广泛药用价值的药食两用天然食物。但是，很多人对蜂蜜一知半解，再加上网络上一些媒体中对蜂蜜褒贬不一的介绍扰乱了人们对蜂蜜的认知，很多消费者想买蜂蜜、吃蜂蜜却不敢买、不敢吃。

有些人认为，蜂蜜吃多了，会坏牙、会发胖、会得糖尿病。很多人确实没有买到过真正的好蜂蜜，吃的是稀蜜、浓缩蜜或者是假蜜，没达到吃真蜂蜜的效果，感觉蜂蜜就是甜味品，可吃可不吃。

好蜂蜜可补充营养，能够抗菌、消炎、抗氧化，对人体无毒副作用，对我们的健康非常重要（图1-7）。但是，蜂蜜这些非常重要的作用，没有被正确认识，吃蜂蜜可消除炎症、减少氧化的重要意义没有体现，所以很多人没有把蜂蜜当作健康生活的必需品，没有养成经常吃蜂蜜的好习惯。

图1-7　优质成熟蜂蜜，抗菌、消炎、抗氧化、补充营养，是健康生活的必需品
（周丹　摄）

中国目前蜂蜜产量约50万吨，就算这些蜂蜜不用于医药原料，不用于食品原料，不用于化妆品原料，也不出口到国外，全部都给中国人吃，一个人一天也只有零点几克的消费量，数量远远不能满足国人健康需要。

六、中国养蜂生产存在的主要问题

1. 取出蜂蜜，饲喂白糖——不科学的蜜蜂饲养方法

在20世纪60年代之前，养蜂人没有太多的钱用于买白糖喂蜜蜂，多以蜂蜜作为蜜蜂的饲料。但是，蜂蜜产量一直很低。60年代以后，为了节支增收，获取更多利益，养蜂人逐步用白糖代替蜂蜜作为蜜蜂的饲料。由于白糖价格低，蜂蜜价格高，把蜂群中的蜂蜜取出来销售挣钱，再把白糖化成糖水喂给蜜蜂，这样可以"多生产蜂蜜"，多挣一些蜂蜜与白糖之间的差价，可以节约一些费用，多挣一些钱。由于喂蜜蜂白糖可以换取蜂蜜，在国家物资短缺的计划经济年代，国家给养蜂人特批白糖作为蜜蜂饲料。用白糖代替蜂蜜喂蜜蜂来换取蜂蜜的养蜂方法，被当作"养蜂经验"在全国推广。

在蜂蜜生产季节，养蜂人把蜂巢内的蜂蜜尽量取走，多取少留，或基本取

光。如果外界没有蜜源或遇连阴雨天，蜜蜂无法外出采蜜、蜂巢内没有饲料时，养蜂人就给蜜蜂补喂白糖水。

春繁、秋繁时用白糖水奖励饲喂蜜蜂，越冬前还会突击用白糖水喂蜜蜂，用白糖水作为蜜蜂的越冬饲料的做法，延续至今。给蜜蜂喂白糖换取蜂蜜的做法，已经成为中国养蜂人"离不开的""不宣而行的"蜜蜂饲养方式。

很多养蜂人认为，如果不给蜜蜂喂白糖，蜜蜂采集酿造的蜂蜜也只是够蜜蜂自己吃，如果外界植物流蜜不好，不给蜜蜂喂白糖，蜜蜂就会饿死。如果没有白糖，蜜蜂就没法饲养了。

这种思想和习惯的养成，是以节支增收为目的的，即使在近几十年来蜂蜜价格持续走低、油菜蜜等与白糖价格相差不多的情况下，也没有改变这种"以糖换蜜"的做法。

蜜蜂是吃蜂蜜和花粉长大的，不是吃白糖和代用饲料长大的。蜂蜜中含有维生素、有机酸、酶类、酚类、矿物质、糖类等180多种营养成分。而白糖的成分单一，白糖和蜂蜜有本质上的不同。蜜蜂的生长发育，离不开蜂蜜和花粉中的各种营养成分。没有这些营养成分，蜜蜂会发育不良，处于亚健康状态，还会患各种疾病，寿命缩短，采集能力、哺育能力都会大大下降。而且，蜜蜂的卵、幼虫、蛹也会营养不良，即便蜜蜂出房后，也是亚健康状态，寿命短、群势不强、采集力也不强，蜂群自然不能高产丰收。蜜蜂营养不良，蜜蜂、幼虫、蛹会生很多疾病，就会给抗生素等药物的使用和残留埋下祸根。

蜜蜂吃白糖还是吃蜂蜜，对蜜蜂的影响非常大。经过对比研究，秋季用白糖代替蜂蜜繁殖蜜蜂，与用蜂蜜繁殖蜜蜂相比，越冬前群势相差47%。蜜蜂吃蜂蜜，蜂群繁殖速度快，蜜蜂健康而且寿命长。用优质蜜脾作为越冬饲料越冬的蜂群，越冬蜜蜂死亡率为0.85%～5%。用白糖作为越冬饲料越冬的蜂群，越冬蜜蜂死亡率为15%～50%，有的甚至更高。关键是这些吃白糖的蜜蜂春季存活时间短，蜂群易出现"春衰"，只能采集很少的春季蜂蜜。室内饲养试验表明，吃蜂蜜的蜜蜂与吃白糖的蜜蜂相比，寿命相差75%～81.8%。

虽说给蜜蜂饲喂白糖，短时间内蜜蜂不会死亡，但是蜜蜂的体质下降、寿命缩短，蜂群繁育能力、采集能力等都相应下降。喂了白糖，取到了蜂蜜，好像是有了收入，其实得不偿失。到了春天百花盛开时期，如果喂给蜂群的白糖饲料还没有被蜜蜂吃完，剩余的白糖糖浆有可能会混入蜂蜜中，造成蜂蜜不纯，影响蜂蜜质量。有的人还故意给蜂群喂白糖水，生产假蜜及假巢蜜。国家法律规定，不管是掺假、造假、贩假，或者抗生素超标，都会受到相应的处罚。"用白糖换取蜂蜜"，挣的是"蜂蜜与白糖"之间的差价，损失的是蜜蜂的健康、寿命，蜂群的群势、采集力，蜂蜜产量和质量，增加的是养蜂人、蜜蜂的劳动量以及对蜜蜂的伤害和干扰。仔细算算账，很"不合算"，看似占了便宜，实际吃了大亏（图1-8）。

图1-8 用白糖换蜂蜜，占小便宜吃大亏
（罗婷 摄）

用白糖换蜂
蜜的做法是
不科学的

给蜜蜂喂白糖
影响蜂蜜质量

2. 脱取花粉，喂代用粉——蜜蜂营养不良

两箱体养蜂，蜂巢内的巢脾相对较少，在外界有花粉的季节，很容易出现粉压子圈，影响蜂王产卵和蜜蜂储存蜂蜜。蜂群进粉量比较多的时候，有很多养蜂人喜欢在蜂箱门口用脱粉器脱取花粉，一方面可以减轻粉压子圈的现象；另一方面蜂花粉营养丰富，可以作为保健食品，可以卖掉增加经济收入。但是，两箱体蜂巢内储存花粉有限，再加上人工脱粉，蜂箱内的花粉储存量会更加有限。在外界有花粉的时候，蜂巢内的花粉可以满足蜜蜂的营养需要，一旦外界缺花粉，蜂群内就会花粉不足，甚至严重缺粉。

花粉是蜜蜂蛋白质、维生素、矿物元素等众多营养的重要来源。一旦蜂群缺粉，对蜜蜂的生长、发育、飞行、采集、生存、哺育、寿命、抗病能力、抗逆能力等都会产生重大影响。

研究发现，每只工蜂在其生活的28天内平均消耗3.08毫克氮的蛋白质，相当于100毫克花粉。一个强壮的蜂群，一年需要消耗50千克左右花粉。如果蜂群严重缺乏花粉，蜜蜂幼虫不能生长，幼蜂发育不良，工蜂不能正常泌浆、泌蜡，蜂王因不能得到充足的蜂王浆而产卵率下降或停产。蜜蜂抗病能力、抗逆能力下降，易生病，寿命缩短。长时间没有花粉，会导致蜂群全群灭亡。

在蜜蜂进化过程中，蜜蜂吸百花之汁，酿造成天然蜂蜜；采集百花之粉，加工成天然蜂粮。正是这些天然营养物质，维系着蜜蜂家族繁衍了上亿年，生生不息。

近年来，随着社会的发展，植被的变化，物价的上涨，利益的驱使，很多养蜂人过度索取，蜂群内有蜜就取，有粉就脱。然后喂给蜜蜂白糖、脱脂大豆粉、氧化陈花粉等代用饲料。蜜蜂采集的是优质花蜜和花粉，吃的却是营养不全的代用品。养蜂人都想把蜜蜂"养"好，想让蜜蜂多干活、多采蜜，获得蜂产品大丰收，也很舍得花大钱买白糖，买花粉代用品，喂给蜜蜂吃，就是舍不得让蜜蜂吃它们自己采集的天然蜂蜜和花粉。

代用品的营养与天然蜂蜜、花粉的营养有很大差别。二者的糖类、蛋白质、氨基酸、有机酸、酚类、脂类、维生素、矿物元素等的组成、含量、活性、营养价值都不同，代用品不能取代天然蜂蜜和花粉。天然蜂蜜和花粉所含有的营养成分数百种，无论人类有多高的技术，都无法复制出真正的蜂蜜和花粉。

养蜂人都有体会，给蜜蜂喂再多再贵的饲料代用品，蜂群的繁殖速度也赶不上有充足的蜂蜜和天然花粉的蜂群的繁殖速度。喂代用品的蜂群，蜜蜂的飞翔能力、采集能力、抗病能力、抗逆能力、寿命、蜂蜜产量及品质等，都与吃天然蜂蜜和花粉的蜂群相差甚远。

有人认为，现在的蜜蜂不好养了，群势没有以前的强壮了，蜂蜜也没有以前的产量高了，蜜蜂的疾病越养越多，可能是蜂种退化了。其实这与蜜蜂的饲料营养及药物对蜜蜂的危害等，都有很大关系。

多年试验发现，即使给蜜蜂饲喂的全是蜜蜂采集的花粉，如果这些花粉在常温下存放超过1年，其营养价值也会下降70％左右；如果常温下存放2年以上，蜜蜂吃这样的花粉哺育的幼虫不能生长发育。我们发现，常温下存放1年以上的花粉，维生素、精氨酸、赖氨酸等很多成分已经氧化失去了原有活性。

饲料代用品，本来营养就不全，不能满足蜜蜂的生长发育需要，再加上人为添加蛋白质、矿物元素、维生素等，会进一步加重饲料中营养比例失衡。这些添加的成分，如果含量过高或缺乏，或者已经氧化变性，喂给蜜蜂对蜜蜂就是一种伤害。

有些人认为，给蜜蜂饲喂的代用品，蜜蜂也很喜欢食用，这主要是因为代用品中添加了白糖、蜂蜜及花粉，吸引了蜜蜂。给蜜蜂饲喂代用品，蜂群也能繁殖出蜜蜂，也没见蜜蜂死亡，这主要是因为给蜜蜂饲喂代用品时，蜂群内可能还有一部分蜂粮，也有可能蜜蜂从外界采入了一部分天然花粉。蜂群短时间缺粉，蜜蜂还可以消耗自身的营养哺育蜂王和幼虫，维持一段时间的繁殖。

虽然，在蜂群严重缺乏花粉时期，给蜜蜂饲喂代用品，可以解决一部分营养问题，比蜜蜂营养缺乏要强。甚至通过饲喂代用品，真的使蜜蜂产子量增加了，但蜜蜂的体质会严重下降，难以胜任繁重的劳动，抗病力差、寿命短，到了采集期会迅速死亡，遇到病虫害也容易感染，导致蜂病发生，蜂群衰退。

我们要明白，蜜蜂是吃天然蜂蜜和花粉长大的，天然的才是最好的。花钱买营养不均衡的"次品"，不如让蜜蜂自己照顾自己，让蜜蜂吃它们自己采集的营养"精品"。

一个强壮的蜂群，一年大约需要消耗 70 千克左右的蜂蜜、50 千克左右的花粉，二者缺一不可。弱小的蜂群，一年需要消耗 25 千克左右的花粉。由于两箱体蜂群，蜂箱储存空间不足，再加上过度脱粉，很容易出现蜂箱内花粉储存不足的情况。我们应该在开花流蜜进粉季节，给蜂群及时添加继箱，扩大蜂巢，让蜜蜂有充足的空间储存足够的花粉和蜂蜜，满足蜜蜂全年的生活需要。在满足蜜蜂生活需要的前提下，适度取蜜，适度脱粉。

3. 越冬，春繁，过度包装保温——不科学的饲养方法

根据化石考证，蜜蜂与其他昆虫一样，在地球上繁衍生息有 1 亿多年了，比人类历史要早得多。人类利用蜜蜂的历史在 9 000 年以上，中国对蜜蜂的文字记载在 3 000 年以上。在漫长的进化过程中，没有人类的"呵护"，蜜蜂也成功存活了下来。蜜蜂适应了自然环境，形成了相应的繁衍生息的习性。

人类在利用蜜蜂、饲养蜜蜂、研究蜜蜂的过程中，逐步发现蜜蜂是变温动物，蜜蜂个体、群体对环境温度反应非常敏感。不管外界温度高低，在蜂群中，蜂王产卵时期，有子脾的部位，温度稳定保持在 34.4～34.8℃；没有子脾的部位，温度在 20℃上下。温度过高或过低，对蜜蜂及卵、虫、蛹都会产生影响。32℃以下或 36℃以上的温度，蜜蜂发育会推迟或提早，而且羽化的蜜蜂不健康。

研究人员用恒温恒湿箱，在不同温度下孵育封盖子试验结果：封盖子在 20℃时，经过 1 天死亡；在 25℃时，经过 8 天死亡；在 27℃时，能化蛹，但羽化后死亡；在 30℃时，能全部羽化成蜜蜂，但都推迟了 4 天；在 35℃时，蜂子全部在正常时期羽化；在 37℃时，蜂子的发育缩短 2.5 天，封盖子大量死亡，并出现许多发育不全的蜜蜂；在 40℃时，短时间内成年蜂不死，蜜蜂幼虫及封盖子全部死亡；在 45℃时，24 小时之内蜜蜂全部死亡；在温度达到 57.5℃时，蜜蜂迅速死亡。

蜜蜂能感觉出温度升降 0.25℃的变化。当子脾温度在 34℃时，它们开始积极地增加蜂巢温度；当子脾温度升高到 34.4℃时，加温行为随之停止。但在子脾温度升到 34.8℃时，蜜蜂就开始给蜂巢降温。如果蜂群内没有子脾，巢温随着外界气温的变化而上下波动，巢温保持在 14～32℃。

正是因为蜜蜂越冬、春秋繁育，都需要一定的温度，人们开始通过人为地紧缩巢脾、分区管理、调节巢门、添加保温物、给蜂群电热控温、温室越冬等人工措施，给蜂群保温，希望减少蜜蜂控温劳动，延长蜜蜂寿命，节省蜜蜂饲料，防止蜜蜂受冻，加速蜂群繁殖。特别是春季要提前繁殖蜜蜂，外界气温很低，不能满足蜂王产卵、哺育蜂子的温度需要。为了帮助蜜蜂提高巢温，加快繁殖，绝大多数养蜂人会给蜂群保温，蜂箱内外都添加保温物，还有一些人将蜂箱用塑料薄膜裹得严严实实，密不透风。保温的目的是达到了，但是由于通风不畅，湿度极大，蜂箱中易出现积水。这样做会导致蜂群中蜜蜂体质很弱，抗病能力下降，极易发生细菌、真菌、病毒等病害。而且，如果蜂群保温过度，外界气温稍高时蜜蜂就会飞出箱外，会被冻僵、冻死。

几万只蜜蜂生活在一起，可以抵御极度严寒，一旦蜜蜂离开群体，其受环境温度影响很大。单只蜜蜂在静止状态时，其体温与周围环境的温度很相近。意蜂个体安全临界温度为13℃。在13℃以下，单只意蜂会逐渐呈现冻僵状态；在11℃时，单只意蜂翅肌呈现僵硬；在7℃时，单只意蜂足肌呈现僵硬。也就是说，外界气温低于14℃以下时，蜜蜂会逐渐停止飞翔，如果飞出落在蜂箱外面或在水边采水等，有可能因被冻僵回不了蜂巢。

对蜜蜂的研究还表明，蜂数太少、蜂群太弱时，蜜蜂不能有效控制巢温，随着蜂数的增加，蜂巢子脾的温度才可以维持在34～35℃，并渐渐地向大面积的巢脾扩散开来。群势达到2～2.5千克（1千克蜂≈4框蜂）的蜂群，也就是8～10框蜂的蜂群，在春寒时期和在高达40℃的炎热天气，都能把子脾的温度维持在34～35℃的水平。而且，在蜂蜜饲料充足的情况下，把足够数量的蜜蜂装在铁笼子里，蜂群可以度过－40℃的严冬。所以，蜜蜂春繁、度夏、秋繁、越冬，蜂群群势尽量不要低于8框蜜蜂，维持蜂群一定的群势非常重要。

有人认为，蜂数少省饲料，蜂数太多，消耗饲料多，会造成浪费，特别是越冬时期，越冬饲料会消耗更多。而春季繁蜂时期，蜂数达到一定的程度，特别是群势达到8框蜂以后，蜂群的哺育率开始下降，蜜蜂数量多了浪费多，没必要。

实际上，经试验对比，对越冬蜂群来说，8框蜂比4框蜂平均每框蜂的饲料消耗少一半，蜜蜂死亡率下降了50％以上。也就是说，蜜蜂越冬时，群势越强，抗逆能力越强，越节省饲料，蜜蜂死亡率越低，蜜蜂越健康，寿命越长。

虽说8框蜂以上群势，哺育率趋于平衡，但随着蜂数继续增加，哺育率会逐步下降，蜜蜂显得有些过剩。但是，蜂群的绝对哺育率并没有下降，蜜蜂数量越多，蜂群的哺育率会更高，蜂群中的所有幼虫都能得到更好的哺育，羽化出的蜜蜂也会更健康、寿命更长、采集力更强。

也正是因为内勤蜂过多，哺育率降低，蜂群中有更多的蜜蜂不需要参加巢内工作，提前转化为采集蜂到野外参加采集，为蜂群采回更多的蜂蜜和花粉。蜜蜂数量越多，哺育能力越过剩，外勤蜂就越多，采集能力就越高，蜂蜜产量就越高。

蜂群达到一定群势时，蜂群调温控湿能力就很强了，越冬、春繁，都不需要给蜂群保温，让蜜蜂自己调控，自我发展。

经试验测试，8框蜂以上的蜂群，无论是给蜂群加保温物保温、加热保温，或者不保温，蜂巢中子脾的温度都一样。保温、加温，对培育蜂儿的蜜蜂并没有发生作用。保温、加温，主要对没有参与育儿的外侧巢脾、箱壁上的蜜蜂产生影响。因为这部分蜜蜂主要分布在蜂巢边缘，以及下部没有蜂儿的巢脾上，而这些地方的温度通常都低得多。

在被保温、加温的蜂箱里，蜂巢温度高，蜜蜂新陈代谢加强，蜜蜂寿命反而会缩短。而且在寒冷的天气里，巢温过高，会有大量蜜蜂往外飞，飞出的蜜蜂会冻僵、冻死在外面，使群势削弱。不保温的蜂群，天气寒冷时，蜜蜂活动相对很少，较大程度上保持了自己的生命力。随着春暖花开，流蜜期到来，有更多的蜜蜂可以精力充沛地从事繁育及采集工作。

因此，一年四季，不要养太弱的蜂群，尽量让蜜蜂达到一定的群势。尤其是蜜蜂秋繁、春繁时期，太弱的蜂群要进行合并，使蜂群群势达到8框蜂以上，不保温，让蜜蜂自行调控，自然繁殖，尽量减少人为对蜂群的干扰，减少因为人为保温，导致的蜜蜂活动增加、空飞和死亡（图1-9、图1-10）。

图1-9　弱群保温越冬，易空飞，饲料消耗多，
蜜蜂寿命短，不能有效利用春季蜜源

（罗婷　摄）

图 1-10 强群多箱体越冬，不包装保温，抗严寒、省饲料、
少空飞，蜜蜂寿命长，能有效采集春季蜜源
（刘富海 摄）

4. 弱群春繁，耽误一年

很多人已经习惯弱群春繁。为了给春季蜜源培育足够的适龄采集蜂，很多人在外界气温还比较低的时候，在大宗蜜源植物开花之前，几十天甚至两个月前就开始对蜂群进行保温包装、奖励饲喂，提前开始春繁，希望通过提前春繁，培育大量新的适龄蜂，夺取蜂蜜的丰收。

开始春繁时，他们不仅给蜂群内外保温，还把越冬后剩下的三四框蜜蜂紧缩成一个巢脾繁殖，时不时给蜜蜂进行奖励饲喂，刺激蜂王多产卵，想加速蜂群繁殖。其实，这种弱群过早春繁的养蜂方法，未必真的能够丰收高产。

（1）过早春繁，外界气温低，蜜蜂飞出蜂巢容易冻僵冻死，蜜蜂损失惨重，蜂群群势下降（图 1-11）。

图 1-11 气温太低，冻僵后不能回巢的采集蜂
（刘富海 摄）

（2）越冬蜂过早活动，参与育子保温、哺育幼虫等工作，会因早春低温空飞，缩短了越冬蜂的寿命。待到春季百花盛开需要这些蜜蜂采集蜂蜜和花粉时，这批越冬蜂已经耗尽了生命，不仅不能参加春季采集，浪费了春季蜜源，还会造成蜂群春衰。

（3）过早春繁，蜜蜂需要消耗更多的饲料维持巢温，饲料消耗会大大增加。

（4）过早春繁，外界没有蜜粉源，如果喂给蜜蜂的饲料是白糖和代用花粉，蜜蜂会营养不良，幼虫、蛹不能正常生长发育，培育出的蜜蜂相对弱小，工作能力差，抗病力差，易生病，寿命短。

（5）过早春繁，在不适宜产卵繁殖的时间提前加大蜂王活动量和产卵量，待到春暖花开适合蜂王产卵繁殖的时候，蜂王已经衰弱，蜂群繁殖会受到影响，还易提前分蜂。

（6）过早春繁，加大了养蜂人的工作量，降低了劳动效率。

（7）过早春繁，经常开箱加脾扩巢，影响蜜蜂生活。

（8）过早春繁，给蜂群增加很多保温物，劳民伤财又伤蜂。

（9）过早春繁，经过两三个月的弱群繁殖，慢慢达到12框蜂左右，蜜蜂的数量还是不能满足大量采集蜂蜜的需要。采集油菜、荔枝、紫云英等大宗蜜源的蜜蜂量，应该在4千克（16框蜂）以上，想获得春季及全年蜂蜜大丰收，蜜蜂的数量最好在6千克以上（25框蜂左右）。

（10）春天是百花盛开的季节，蜜粉源植物非常丰富，尤其是大面积油菜、荔枝、龙眼、柑橘、杏、柳树、紫云英等相继开花，正是蜜蜂采花酿蜜的好时候。弱群春天繁殖慢，耽误了春天采蜜，错过了春季蜂蜜丰收的好时节（图1-12、图1-13）。

图1-12　群势弱，采集蜂少，不能充分利用春季蜜源

（罗婷　摄）

利用强群采集
春季蜜源

图 1-13　群势太弱，采不到蜜，春天大宗蜜源只能用于繁殖蜜蜂

（罗婷　摄）

5. 勤取蜜，取稀蜜——不科学的蜂蜜生产方法

中国养蜂，一般采用的是一个箱体或两个箱体养蜂。在流蜜期，这样的蜂箱很快就会装满蜂蜜。蜂巢没有地方装蜜，蜂王没有地方产卵，蜜蜂就会怠工，就要分蜂。

在两箱体养蜂实践中，人们发现，如果把蜂箱中的蜂蜜及时取出，就有地方装蜜，蜂王也有地方产卵。在一定时间内，及时把蜜取出来，可以刺激蜜蜂采蜜的积极性，大大提高蜂蜜产量。

通过实际对比，都采用"两箱体"养蜂，勤取蜜、取稀蜜的蜂蜜产量，是取封盖成熟蜂蜜产量的 3～5 倍。

有些养蜂人认为，蜂群中的蜂蜜如果不及时取出来，有可能会被蜜蜂自己吃掉，蜜蜂把蜂蜜吃掉，是一种浪费，很可惜。养蜂要想有收入，就要和蜜蜂抢蜂蜜，蜂群里有蜜就要摇出来，然后让蜜蜂再到外面去采蜜。如果外界流蜜不好，蜂群缺蜜，可以给蜜蜂喂白糖水。

也有养蜂人认为，蜜蜂不用吃蜂蜜，吃白糖水就行了，蜂蜜是给人吃的，是拿来挣钱的。不及时把蜜取出来卖钱，养蜂人连路费都没有。

还有人认为，虽说稀蜜水分含量高，浓度低，抗菌能力差，易发酵，微生物容易超标，口感也不太好。但是，不管蜂蜜水分含量高不高，质量好不好，只要有人买，有人收购就行。

蜂蜜浓度高或浓度低，收购商给的价钱差不多。蜂蜜浓度高了有些养蜂人还往蜂蜜里加水稀释（图 1-14）。如果自己要销售蜂蜜，就把浓度相对高一些的蜂蜜留下来销售。

有些人认为，不管蜂蜜稀不稀，反正不是自己吃。一般消费者，买蜂蜜时一次就买一两瓶，蜂蜜还没有发酵就吃完了，蜂蜜稀一些没有事。收购蜂蜜的公司，稀蜜、稠蜜都收，只要是真蜜，没有掺假，药物残留等相关指标检测合格，只要价位低，就收。如果蜂蜜价格高，质量再好也不收。很多人还认为，把稀蜜取出来，通过80℃左右的温度融蜜、灭菌，60℃左右人工设备浓缩，除去蜂蜜中部分水分，对蜂蜜的质量影响不大，这样做完全符合现有的国家蜂蜜标准。而且，把稀蜜及时取出来，蜂蜜浓缩的事情由人来做，不仅可以给蜂群腾出了储蜜空间，还可以节省蜜蜂酿蜜的时间，减少蜜蜂的劳动量，从而大大提高蜂蜜产量。养蜂人生产的蜂蜜，一般不零售，而是由收蜜的公司把蜜收走。如果养蜂人不取稀蜜，只生产成熟蜂蜜，不仅蜂蜜产量很低，而且蜂蜜会卖不出去。

图1-14 花蜜、稀蜜、不成熟蜜，常温下容易发酵变质（刘富海 摄）

除了上面的原因，勤取蜜、取稀蜜，与我国养蜂师傅传授、专家引导有很大关系。很多师傅、专家也认为生产成熟蜂蜜周期太长，蜂蜜产量很低，没有足够高的收购价生产成熟蜂蜜很不合算，甚至亏本。认为转地放蜂、追花夺蜜、勤取蜜、取稀蜜、人工浓缩蜂蜜，是多生产蜂蜜的好方法，应该相互学习，全国推广。自20世纪60年代以来，我国逐步形成了转地养蜂、追花夺蜜、勤取蜜、取稀蜜、喂白糖换取蜂蜜、浓缩蜂蜜的习惯。几十年的发展，全国通过相关部门验收认证的蜂蜜加工厂，已经达到1 300多个。

10余年来，中国养蜂学会、中国蜂产品协会等，一直号召大家生产成熟蜂蜜，在全国各地建立了很多成熟蜂蜜生产基地，反复进行养蜂技术培训，但全国的成熟蜂蜜生产还是没有起色。

勤取蜜、取稀蜜，会造成以下几方面结果：

（1）对蜂群造成严重惊扰。大流蜜期，每次开箱取蜜，都要提脾抖蜂，割蜡盖取蜜，还空脾给蜂群，蜜蜂还要清理取过蜜的空巢房，恢复工作秩序。整个过程对蜂群造成了严重惊扰，蜜蜂会被激怒、紧张、不安，会抢食蜂蜜。据观察，每次开箱取蜜后，蜂王需要30～60分钟才能渐渐恢复产卵；内勤蜂20分钟后逐步恢复饲喂幼虫和酿蜜工作；外勤蜂15～40分钟才逐渐增加外出采集蜂数量。完全恢复整个蜂群正常工作，需要三四个小时。

每种植物的花期有限，每天花朵流蜜时间也有限，经常取蜜干扰蜜蜂，就会使蜜蜂错过采花酿蜜时间。有的养蜂人一星期取一次蜜，有的三四天取一次蜜，有的一两天取一次蜜。有的养蜂人喜欢早晨取蜜，觉得稀蜜经过了蜜蜂一晚上的酿造，其浓度会相对较高。早晨，正是蜜蜂出外采集的好时间，也是植物开花泌蜜的高峰期，早晨摇蜜，正好干扰了蜜蜂的采集活动，蜜蜂几个小时不能正常工作，严重影响了蜜蜂当天的采蜜时间和采蜜量。

（2）巢箱子脾摇蜜，对蜂群繁育产生影响。不管是单箱体养蜂还是双箱体养蜂，有的人习惯把蜂巢中的蜜脾以及子脾上的边角都割开蜡盖，把蜜摇出来，然后让蜜蜂继续采蜜、装蜜。其实，这样做会严重影响蜜蜂的生活，影响蜂王产卵，也影响幼虫哺育及幼虫和蛹的正常生长发育。每次开箱、抖脾、摇蜜时，蜂群生活不仅会被打乱，而且子脾上的一些幼虫也会在摇蜜时被甩出，封盖巢房内的蛹也会受到摇蜜机高速旋转的影响，对蜂王的产卵、后代的繁育、蜜蜂的工作生活都有影响。

（3）蜜蜂吃花蜜有风险，可能危及蜜蜂生命。经过研究检测及试验发现，很多植物生产的花粉、花蜜、蜜露或甘露中，含有半乳糖、棉籽糖、水苏糖、甘露糖、生物碱、皂苷、强心苷和生氰苷等成分，这些成分有些对蜜蜂有毒，有些蜜蜂不能代谢利用，如果蜜蜂直接食用这些没有酿造转化降解的花蜜、花粉，对自身、幼虫及蜂王都有可能产生伤害。

根据国内外文献报道，花粉、花蜜、蜜露、甘露中已被检测出蜜蜂不能直接利用的成分有 17 种，其他不能直接利用的成分有待进一步研究检测。

这些成分对蜜蜂是否有毒，与其在花粉、花蜜、蜜露、甘露中的含量有关，也与其是否被转化降解有关。在湿度大、水分含量高时，这些成分含量低于中毒阈值，蜜蜂不会中毒。在天气干旱，花粉、花蜜、蜜露、甘露水分含量少，或在一天内泌蜜量少、蒸发快的时段，这些成分含量会超过中毒阈值，蜜蜂采集食用后，会对蜜蜂及幼虫甚至蜂王产生毒性。

花粉、花蜜、蜜露、甘露被蜜蜂采回蜂巢，在还没有被蜜蜂充分酿造转化降解时，这些成分含量高，对蜜蜂、幼虫及蜂王有毒。蜜蜂在采集过程中，以及在蜂巢中酿造期间，蜜蜂向花粉、花蜜中加入了自身分泌的葡糖氧化酶等酶类物质，经过反复转化、酿造、降解，形成了"成熟蜂蜜"或"蜂粮"，转化好的蜂蜜和蜂粮对蜜蜂、幼虫及蜂王安全无毒。研究发现，蜂群温度 35℃、二氧化碳浓度 1%～4% 的环境，有利于这些成分的转化降解。没有经过蜜蜂充分转化的花粉、花蜜、蜜露，被取出蜂巢后，在适宜的温度下经过长时间存放，也会发生转化降解。

如果蜂巢内成熟蜂蜜都被取出，没有酿造好的蜂蜜、蜂粮供蜜蜂食用，外界又没有其他安全的蜜粉源可采，蜜蜂只能食用半乳糖等成分含量高的花粉、花蜜、蜜露或甘露时，蜜蜂中毒会更加严重。如果蜂群中有足够的成熟蜂蜜、蜂粮，空气干燥时，给蜂场洒水增湿，给蜂群喂水、喂稀薄糖水，整个蜜源场地湿度比较大，蜜蜂就不会中毒或中毒很轻。

蜜蜂中毒一般难以用化学或显微镜方法诊断，轻的不易察觉，重的会引起蜜蜂麻痹、颤抖、痉挛、爬蜂、烂子、失王、群势下降，花期越长群势下降越显著。

花期经常取蜜，取不成熟的蜜，特别是连子圈外的蜂蜜都"一扫而光"的取蜜方法，不仅是对蜜蜂很大的干扰，而且给蜂群带来了很大隐患，有可能会引起蜜蜂中毒、幼虫中毒、蜂王中毒，群势严重下降。另外，采集蜂吃水分含量很高的稀蜜，其需要的营养及能量不够，飞翔能力、采集能力、负载能力、哺育能力、抗病能力等都会大大降低，蜂群繁殖及蜂蜜产量都会受到严重影响。

（4）蜂群中有蜜就取，蜂群中蜂蜜所剩无几，一旦遇到气温低或刮风、下雨，外界蜜源短缺、蜜蜂采不到新蜜时，蜂群内有可能会饲料不够吃，蜜蜂容易受饿，轻的拖子、群势下降、逃群，重的全群蜜蜂可能会饿死，即便饿不死，蜜蜂健康及寿命都会受到影响，严重影响蜂产品产量。

（5）勤取蜜、取稀蜜，取出的蜂蜜没有充分酿造转化，水分含量高，抗菌、抗氧化能力差，微生物容易繁殖超标，蜂蜜很容易发酵。

（6）勤取蜜、取稀蜜，与生产成熟蜂蜜相比，不仅蜂蜜质量很差，而且蜂蜜产量也不高。

（7）勤取蜜、取稀蜜，有蜜就取，养蜂人不但十分辛苦，而且养蜂效率很低（图1-15）。

勤取蜜、取稀蜜是不科学的养蜂方法

图1-15　两个箱体，勤取蜜，蜂群受影响，蜂蜜产量低、质量差

（刘富海　摄）

想要提高蜂蜜产量和蜂蜜品质，就要饲养强群、多箱体、流蜜期不取蜜，不干扰蜜蜂正常生活，让蜜蜂集中精力采蜜、酿蜜、转化蜂蜜。同时，还能减

轻养蜂人的劳动负担，空余的时间还可以扩大养殖规模，提高经济效益。

6. 两箱体养蜂不适合生产成熟蜂蜜

中国养蜂，除了中蜂，基本上都是两箱体养蜂。两箱体养蜂时，用隔王板把蜂王限制在巢箱，让蜂王在巢箱中产卵繁殖蜜蜂，继箱主要用来储存蜂蜜。在流蜜期，继箱中的巢脾很快就会装满蜂蜜，这些蜂蜜不取出来，再采回的新蜜就没地方装，会严重影响蜂蜜产量。如果把这些蜜取出来，这些蜂蜜转化时间不够，还没有成熟，是稀蜜，不仅营养价值不高，而且还容易发酵。蜂蜜的品质不好。

因为巢箱与继箱间加有隔王板，采集蜂回巢后不愿意费劲通过隔王板，一部分采集蜂会临时把采回来的花蜜卸在巢箱中，巢箱中的空巢房容易被装上新采的花蜜及花粉，这些花蜜及花粉会使蜂王产卵的地方受到限制，严重影响蜂群繁殖。内勤蜂再把巢箱中的花蜜酿造转化转移到继箱中，降低了采花酿蜜效率，影响了蜂蜜产量。

巢箱和继箱都装满花蜜后，蜂群没地方装蜜，没地方繁殖，蜜蜂分蜂，就要分家。

在流蜜期，为了让蜜蜂有地方存蜜，提高蜂蜜产量，养蜂人会把继箱和巢箱中的蜂蜜及时取出来，时间短的1～2天取1次，时间长的4～5天取1次。其实，这样的取蜜方法都是错误的。这样取的蜂蜜都是稀蜜，而不是成熟蜂蜜。

这种稀蜜，必须经过80℃以上加热灭菌，然后60℃左右脱水浓缩，除去一部分水分。蜂蜜一旦加热灭菌浓缩，营养成分会遭到一定程度的破坏，就失去了原有蜂蜜的真正价值。浓缩过的蜂蜜，已经不是真正意义上的蜂蜜了。

在流蜜期，采用一个巢箱、一个继箱的两箱体养蜂，甚至只用一个箱体养蜂，也能够生产封盖蜜、生产成熟蜜，但是一个箱体、两个箱体生产成熟蜜会严重影响蜂蜜的产量。

大流蜜期，蜂箱内巢脾很快会装满蜂蜜，如果不取蜂蜜，蜂巢内就会没地方装蜜了，就会严重影响蜜蜂继续采蜜的积极性；如果取出蜂蜜，蜂蜜还没成熟，如果等到蜜脾全部封盖蜂蜜转化成熟，需要半个月到一个月，那时候蜜源流蜜早就结束了。

为了不影响采蜜、存蜜、酿蜜，就应该给蜂群及时多加继箱，扩大蜂巢，一直让蜜蜂有足够的空间装蜜，让蜂王有地方产卵，也就是说应该多箱体养蜂，以增加蜂蜜的产量。

多箱体养蜂时，流蜜期不取蜜，这样蜂蜜在蜂群中可经过蜜蜂的充分转化，蜂蜜封上蜡盖后，在蜂群环境中再经过一段时间后成熟，蜂蜜的浓度可以达到42.5波美度以上，在一些干热地区和季节，浓度可以达到43波美度以上，这样的蜂蜜，不仅不会发酵，而且还有很强的抗菌、消炎、抗氧化作用，这样的蜂蜜才是真正地有利于健康的优质成熟蜂蜜。

多箱体养蜂优势很多：流蜜期不取蜜，对蜜蜂没有干扰，蜂蜜产量高；蜜蜂吃的是成熟蜂蜜，可以减少蜜蜂吃花蜜中毒的风险；蜜蜂吃成熟蜂蜜不容易生病，不需要用抗生素给蜜蜂治病，可以从根本上减少抗生素等药物残留；蜂巢中一直都有蜂蜜，即使连阴雨，蜜蜂也不会受饿，不会危及蜂群安全及繁殖发展；蜂巢内的蜜脾、巢温过高时，能吸收蜂巢内的热量，降低巢温，温度过低时，能释放蜜脾中的热量，有效帮助蜜蜂调节蜂巢温度，减少蜜蜂调控巢温的劳动量，减少蜂蜜消耗，延长蜜蜂寿命；平时不取蜜，蜂蜜在蜂巢中转化时间长，蜂蜜品质好；养蜂人很轻松，可以扩大蜜蜂的养殖规模。

图1-16　强群多箱体蜂场，蜂蜜产量高，品质好，效率高
（刘富海　摄）

也就是说，两箱体养蜂，生产成熟蜂蜜产量会很低，两箱体不适合生产成熟蜜。我们要改变现行的两箱体养蜂勤取蜜、取稀蜜的模式，采用强群多箱体养蜂模式，大幅度提高蜂蜜的产量和品质。同时，把养蜂人员从烦琐的取蜜、检查蜜蜂等劳动中解放出来，降低劳动强度，提高养蜂效率（图1-16）。

7. 长途运蜂，追花夺蜜——劳民伤财又伤蜂

我国幅员辽阔，南北纬度和地势海拔的不同，使得各地的气候差别很大。气候的差异，孕育了我国种类繁多、花期交错、四季不断的蜜粉源植物，为我国定地饲养蜜蜂及转地放蜂、追花夺蜜，提供了条件。

两箱体养蜂不适合生产成熟蜂蜜

随着人类对植物的砍伐，农业集约化种植，植被、农作物品种发生了很大变化，在我国很多地方，已经没有大宗连续的蜜粉源。除了中蜂之外，意蜂等西方蜂种，在一个地方定地饲养，已经变得"很困难"。为了追逐大宗蜜源，多采花酿蜜，夺取蜂蜜

高产，自 20 世纪五六十年代，我国很多养蜂场，就已经开始了转地养蜂，追花夺蜜。

转地养蜂，让蜜蜂追着蜜源走。在全国各地，不管是哪里有花，无论是春夏秋冬，都可以把蜜蜂运到有花流蜜的地方采蜜，大大增加了蜜蜂采蜜时间，增加了蜂蜜产量。转地养蜂，已经成了很多养蜂场必不可少的养蜂模式。甚至很多转地养蜂人认为，如果"不转地养蜂"，蜜蜂就"没法饲养了"，只能改行。确确实实，有很多转地养蜂的人已经放弃养蜂了。

转地养蜂，有连续不断的蜜源，蜜蜂有采不完的花蜜。但是，转地养蜂的人，也有一些深刻的体会：

①我国养蜂机械化程度低，转运蜜蜂时，装车卸车，非常辛苦。

②拉着蜜蜂，长途跋涉，连夜赶路，人很疲劳。

③南征北战，风餐露宿，一年到头奔波，顾不了家。

④有可能会遇到暴风雪、山洪、车祸等，有很大风险。

⑤长途运蜂，对蜜蜂影响很大。如果开巢门运蜂，很多采集蜂会途中丢失；如果关巢门运蜂，蜂有可能会闷死。汽车震动、蜂箱闷热，蜂王不能正常产卵，蜂巢里的蜜蜂幼虫也得不到正常哺育，虫蛹生长发育都会受到影响。蜂群"养不壮"，也"不能养壮"，壮群即使途中没有闷死也会元气大伤。

⑥采集"精英蜜蜂"有可能会途中丢失，影响蜂蜜产量。通过对新出房的工蜂标记、录像、称重等进行的研究发现，采集蜂的采集能力，除了遗传因素之外，其采集技能是在出外采集过程中逐步学习积累起来的，采集蜂经过出外采集 9 天以后才能逐步成为"熟练的"采集蜂——"精英蜜蜂"。这种采集能力比较强的"精英蜜蜂"，约占采集蜂数量的 20%。正是这些约占 20% 的"精英蜜蜂"完成了蜂群 50% 的采集量。也就是说，如果转地途中这部分"精英蜜蜂"丢失，对下一个蜜源场地采集蜂蜜将是一个非常大的损失。就算这部分采集蜂没有丢失，突然更换蜜源场地，这部分采集蜂也需要重新认巢，重新适应新的蜜源，对蜜蜂的采集也会造成影响，致使全年整体采蜜量下降。

⑦转地蜂群不壮，蜂蜜产量不高。两个箱体，每群约 12 框蜂，采来采去，一群蜂也只是生产 100 千克左右的不成熟稀蜜。而在有多种蜜源植物的地方，采用新王强群多箱体定地养蜂，一群蜂可以生产 150 千克以上的成熟蜂蜜，如果再结合适当小转地，还可以生产更多的蜂蜜。

⑧合适的放蜂场地越来越不好找，蜜源场地缺乏统筹安排，好一些的蜜源场地很容易造成蜂场扎堆，导致蜂蜜减产或绝收。

⑨植物是否流蜜难以预料。植物流蜜多少与天气、病虫害、杀虫剂、化肥、除草剂、土壤、植物品种、植物数量、植物年龄等有很大关系，长途跋

涉，追到的可能是不流蜜的蜜源。

⑩转地养蜂取的稀蜜，必须及时卖掉，如果卖不掉，运输会很麻烦。如果卖不出好价钱，有可能还不够运输费用。

⑪转地养蜂，除了又苦又累有风险之外，最关键的是不挣钱。夫妻两人，加一个帮手，养 150～160 群蜂，一年到头毛收入 10 万多元钱，去掉饲料费用、运费等开支，剩下的钱如果算成工资，还不如出外打工挣得多。如果放蜂路线错误，没有取到蜂蜜，那就会赔钱。

为了减少奔波的辛苦和风险，还是尽量选择定地养蜂，如果确实蜜源不足，可以建议当地政府组织大家大面积种植适合当地的相关蜜源植物，发展当地养蜂业。如果不能种植足够量的蜜源植物，也可以定地结合小转地养蜂。如果当地只有单一的主要蜜源植物，也可以在植物流蜜前"购买蜜蜂"，临时组建 25 框蜂左右的强大采蜜蜂群，集中精力突击采蜜。采完蜂蜜后再把蜂群卖掉，采取"季节性养蜂"。

如果采完蜜之后蜂群卖不掉，可以把蜂群上的储蜜继箱连同蜜脾一起撤下，运回工厂统一取蜜。剩下的蜂群，更换老王，合并弱群，断子治螨，将群势调整到 8 框蜂左右繁殖蜜蜂，或者调整到 16 框蜂以上，让其继续采集后续零星蜜源。16 框蜂以上的蜂群，采集能力较强，只要外界有零星蜜源，蜂群内的蜂蜜不但不会减少，反而还会继续增加，蜂群采集的蜂蜜完全能够满足蜜蜂生活需要及越冬需要。

8. 蜂蜜加热浓缩——不科学的蜂蜜加工方法

自 1913 年活框养蜂方法进入中国以后，我国养蜂人逐步总结出了很多调整蜂群、管理蜂群、摇蜜取蜜、促进蜂王产卵等一系列养蜂方法，也就是 100 多年来普遍采用的"单箱体""两箱体""勤调脾""勤取蜜""精细管理"的传统养蜂方法。此方法蜂箱大小适中，便于日常操作管理，便于追花夺蜜。

传统两箱体精细管理养蜂方法的主要特点是日常"精细管理"，流蜜期"勤摇蜜"；否则，会影响蜂群发展，影响蜂蜜产量，会出现分蜂。传统勤取蜜"夺高产"的方法，导致蜜蜂采集的花蜜转化时间短，蜂蜜水分含量高，成熟度不够，蜂蜜抗菌、抗氧化能力不够，易发酵，品质相对较差。

蜂蜜发酵与蜂蜜的含水量及嗜渗酵母有关。经过研究对比发现，蜂蜜含水量如果超过 19%（浓度小于 42 波美度），每克蜂蜜中即使有 1 个嗜渗酵母孢子，这样的蜂蜜在常温下存放不到一年就有可能发酵。如果蜂蜜含水量介于 19%～18%（浓度为 42～42.5 波美度），每克蜂蜜中有 10 个以上嗜渗酵母孢子，这样的蜂蜜在常温下存放不到一年有可能会发酵。蜂蜜含水量介于 18%～17%（浓度为 42.5～43 波美度），每克蜂蜜中只要不超过 1 000 个嗜渗酵母孢子，常温下蜂蜜一年内就不会发酵；如果每克蜂蜜中嗜渗酵母孢子超过1 000个，蜂蜜在常温下也有可能发酵。如果蜂蜜的含水量低于17%（浓度为43波美度以上），蜂蜜在常温密封避光干燥条件下长期保存也不会发酵。

为了让取出的稀蜜不发酵，微生物不超标，厂家会对稀蜜进行加热灭菌、浓缩，以提高蜂蜜的浓度，便于市场销售。稀蜜加热浓缩后，蜂蜜颜色、口感、香味、理化指标都发生了变化，失去了原有蜂蜜的真正价值（图1-17）。

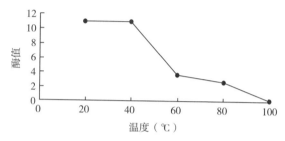

图1-17　温度与蜂蜜酶值变化关系
（引自于殷君等）

国际蜂联2019年1月向全世界发表声明：稀蜜、浓缩过的蜂蜜属于劣质蜂蜜，生产浓缩蜂蜜是一种蜂蜜欺诈行为。

为了生产纯正不发酵的天然蜂蜜，为了保持蜂蜜的原有营养价值，为了我们自己、家人、亲朋好友和民众能吃到优质的蜂蜜，我们应该摒弃传统的"勤取蜜、取稀蜜、浓缩蜜"的做法，生产天然优质成熟蜂蜜，造福所有吃蜂蜜的人（图1-18）。

加热浓缩，破坏蜂蜜成分

图1-18　蜂蜜不能人工加热浓缩。成熟蜂蜜可以直接
过滤、均质、分装、食用

（李强　摄）

9. 传统养蜂管理繁杂，效率低

都说养蜂是一个甜蜜的事业，可养蜂人不觉得养蜂有多少甜蜜，很多养蜂人觉得养蜂是又苦又累不挣钱的工作。我国有很多养蜂人已经放弃了养蜂，还在养蜂的人，也不希望自己的儿女继续养蜂。养几群蜜蜂玩一玩可以，作为一个职业，他们都不看好。

这主要是我国的养蜂方法太精细、太烦琐，看蜂、查蜂、调脾、加脾、撤脾、喂水、喂糖、喂粉、保温、加继箱、撤继箱、抖蜂、割脾、摇蜜、搬蜂箱、抬蜜桶、移虫、割台、夹虫、挖浆、脱粉、刮胶、育王、换王、防病、治病、转地、装车、卸车……养几十群蜂，就会忙得焦头烂额。

我国养蜂人认为：精细养蜂，能及时了解蜂群情况，蜜蜂繁殖快，不容易跑蜂，蜂蜜产量高；国外养蜂太粗放，不了解蜂群情况，蜂群容易跑蜂，产量不高；中国的精细养蜂技术比粗放养蜂技术高，中国是世界上第一养蜂大国，养蜂技术比较合理、比较先进。其实，中国的精细化养蜂技术，并不一定合理，也不一定先进，中国的蜂群并不强，蜂蜜的产量和品质并不高，年年忙忙碌碌，收益只能维持生活。

反观我国的蜜蜂饲养管理，很多操作实际上都是多余的。例如，在增长阶段，每10~12天全面检查一次蜜蜂；分蜂阶段，每隔5~7天检查毁弃一次自然王台；每次开箱，必找蜂王；割雄蜂房，掐死雄蜂；两个箱体，中间加一个隔王板，经常调整巢脾，一张一张地加巢脾和抽巢脾；蜂群过度保温；突击喂越冬饲料；早春提前繁蜂；扣王；奖励饲喂；喂白糖，喂代用花粉；给蜜蜂喂药物防病治病；经常取蜜，取稀蜜；蜂蜜高温灭菌、浓缩；经常长途转运，追花夺蜜。

了解蜜蜂的生活规律，了解蜜蜂的生物学习性，尽量满足蜜蜂的生活需要，尽量少干扰蜜蜂，善待蜜蜂，给蜂群提供足够的产卵空间、足够的存蜜空间，给蜂群提供优良的蜂王，让蜂群一年四季都有充足优质的蜂蜜和花粉，让蜂群充分发挥蜜蜂的采花酿蜜习性，才是正确的做法，才能获取能够获取的蜜蜂产品。

七、中国养蜂必须走成熟蜂蜜生产之路

中国是养蜂大国，有着非常悠久的养蜂历史。但是，中国并不是养蜂强国，中国的养蜂技术还比较落后，养蜂的效率还比较低，蜂蜜的产量和质量都有待提高。中国养蜂人很勤劳、很辛苦，但是中国养蜂效益不高，导致中国养蜂后继乏人。

蜜蜂是自然界生物链中的一部分，我们的大生态需要蜜蜂，我们的农林业需要蜜蜂，我们的甜美生活需要蜜蜂，我们的健康长寿需要蜜蜂，全世界人民都需要蜜蜂。中国的蜂业要往前发展，中国的蜂业必须变革！

改变"单箱体及两箱体"养蜂模式，给蜜蜂充足的发展空间，让蜜蜂尽情发展。

改变"勤取蜜""取稀蜜"的做法，减少对蜜蜂的干扰，提高蜂蜜的产量和品质。

改变"浓缩蜂蜜"的做法，不浓缩，原生态，不破坏蜂蜜的原有成分。生产"成熟蜂蜜"，发挥蜂蜜原有价值，造福更多渴望健康的人。

改变"喂白糖换取蜂蜜"的做法，善待蜜蜂，增强蜜蜂体质，延长蜜蜂寿命。

改变"弱群转地追花夺蜜"的做法，减少低效益奔波之苦，组织强群突击采蜜。

改变蜜蜂"四季管理"模式，"8框左右蜂繁殖，16框蜂以上群势采蜜，25框左右蜂突击采蜜"。不要养太弱的蜂群，用8框蜂左右群势繁殖蜜蜂；单王16框蜂以上、双王"品字"形32框蜂以上多箱体采蜜。要想蜂蜜大丰收，就组织25框蜂、新蜂王、单王、多箱体、不要隔王板、强群突击采蜜，简化四季管理。

改变蜜蜂"疾病防治"模式，让蜜蜂长年吃优质蜂蜜蜂粮，提高蜜蜂抗病能力，避免药物对蜜蜂的伤害及对产品的污染。

改变"蜂产品销售"模式，优质要优价，尽可能自产自销提高效益。

改变"蜂蜜产品应用"模式，补充营养，抗菌、消炎、抗氧化，人人每天需要它。

改变"植物种植"模式，多种开花蜜源植物，让蜜蜂有足够的蜜粉源采集。

改变"农林病虫害防控"模式，保护蜜蜂，绿色防控，减少杀虫剂、除草剂对蜜蜂的伤害及对生态环境的影响。人人爱护蜜蜂，给蜜蜂一个家，让蜜蜂回馈我们优质的蜂蜜和五彩缤纷的花花世界。

蜜蜂是花朵的天使，是植物传花授粉的媒人。花朵离不开蜜蜂，蜜蜂也离不开花朵。大自然中80%以上的植物，都需要蜜蜂，离不开蜜蜂。人类更离不开植物，离不开蜜蜂。要爱护蜜蜂，保护蜜蜂，发展蜜蜂养殖业！

蜜蜂给我们提供了营养丰富的蜜蜂产品，每种产品都是自然界的健康珍品。蜜蜂产品为我们补充营养，抗菌、消炎、抗氧化，提高抗病能力，为健康保驾护航，我们喜欢它，我们需要它！

我们必须善待蜜蜂，让蜜蜂体质健壮，让蜜蜂多产蜂蜜。我们要科学养蜂，科学生产蜜蜂产品，不能再干扰性、掠夺性、虐待性、破坏性地生产蜜蜂产品，要顺其自然，轻松快乐地生产天然优质的蜜蜂产品。

改变养蜂观念，改变养蜂方法，生产无抗生素、无白糖饲料、不浓缩的天然纯正成熟蜂蜜，是我们每一位蜂业人的责任，也是中国蜂业健康发展的必由之路（图1-19）。

中国养蜂必须走成熟蜂蜜生产之路

图1-19　成熟蜂蜜——中国蜂业发展的必由之路

（罗婷　摄）

第二章
成熟蜂蜜生产技术要点

一、生产成熟蜂蜜的必要条件

1. 良好的蜜源

生产成熟蜂蜜，首先需要有良好的蜜源，丰富的蜜源是养蜂生产最基本的条件（图2-1）。

图2-1　蜜源是养蜂之本

（罗婷　摄）

蜜蜂采集枣花蜜　　　　　蜜蜂采集荆条花蜜　　　　　蜜蜂采集荞麦花蜜

蜂场3千米之内，要有2种以上的主要蜜源植物，像南方的八叶五加、油菜、苕子、荔枝、柑橘、龙眼、枇杷、乌桕、石楠、女贞、橡胶、咖啡、野桂花等；北方的洋槐、椿树、狼牙刺、紫云英、草木樨、梧桐树、枣树、六道木、黄芪、荆条、椴树、胡枝子、吴茱萸、五倍子、棉花、荞麦等。这样的蜜源，数量多、分布广、花蜜多，能保证蜂群采集酿造足够的蜂蜜。

蜂场附近，还要有花期交错、连续不断的多种辅助蜜粉源植物，像榆树、桃树、杏树、梨树、苹果树、柳树、黄栌、山楂树、溲疏、葡萄、蒲公英、苦菜花、夏枯草、益母草、野菊花等，供蜜蜂采粉采蜜、繁殖。

2. 优良的蜂种

生产成熟蜂蜜，要有维持强群、采集力强且适合当地气候、蜜源条件的蜂种。蜂种对生产成熟蜂蜜很重要。有了适合的蜂种，还要选择蜂群中工蜂体色一致、产卵能力强、不爱分蜂、能维持大群、抗病力强、采集力强，比较温驯的蜂群分别作为父群及母群。用父群提前培育种用雄蜂，割除淘汰其他蜂群非种用雄蜂。在母群中，可以利用蜂王产的卵培育蜂王，也可以移取孵化不久的幼虫培育蜂王。

如果自己的蜂场没有生产性能比较好的蜂群，也可以从邻近的蜂场选择繁殖力、采集力等综合性能都比较好的蜂群做种群，移其幼虫带回自己的蜂场育王，或让他们帮助培育一批王台，在王台成熟出房之前，带回蜂场安放在组建好的交尾群中，待新蜂王出房交尾产卵考查合格后，更换蜂场蜂王或组建新的蜂群。如果自己的蜂场以及附近的蜂场都没有比较合适的蜂种，可以从国内种王场购入自己需要的种王。购入种王后，对其进行养殖观察，如果性能满意，再用其卵虫人工育王。如果自己没有育王条件或自己不想培育蜂王，也可以从蜂王繁育场直接购入生产用的新蜂王。

生产成熟蜂蜜，西方蜂种中用得比较多的主要是意蜂、卡蜂、高加索蜂、东北黑蜂、新疆黑蜂等。综合性能比较好的，大家比较喜欢的是意蜂和卡蜂的卡意杂交蜂。意蜂的繁殖能力、越夏能力和维持群势的能力比较强，而卡蜂的采集力、抗寒能力比较强。当卡蜂作为母本与意蜂杂交时，蜂群的产育力会有所提高；当意蜂作为母本与卡蜂杂交时，蜂群的抗逆性和采集力会有所提高（图2-2）。

图2-2　优良的蜂种是蜂蜜高产的保证

（罗婷　摄）

3. 强壮的蜂群

（1）利用强群集中力量采蜜。经过研究观察，一个优质的意蜂产卵蜂王，在产卵空间充足的情况下，一天可以产卵 2 000 粒以上（图 2-3）；大流蜜期，工蜂的平均寿命为 35 天左右。

图 2-3　蜂王产的卵脾

（罗婷　摄）

在蜂群产卵空间充足的条件下，如果一个蜂王一天产卵 2 000 个以上，采蜜期蜜蜂的平均寿命是 35 天，按这个统计数字计算，理论上一群蜂的蜜蜂数量应该有 2 000 个×35 天＝70 000 只，约合 28 框蜂（10 000 只蜂≈1 千克≈4 框蜂）。但由于多种原因，蜂群群势很难真正达到 28 框蜂左右。

我们假设蜂王一天只产卵 1 800 个，并且这些卵都能够孵化羽化成蜜蜂。蜜蜂数量应该是：35 天×1 800 个/天＝63 000 只，即 25 框蜂左右。

一般情况下，工蜂出房后 20 日龄之前属于内勤蜂，20 日龄以后成为外勤采集蜂。但是，随着蜂群群势强壮，蜜蜂数量增多，内勤蜂数量过剩，在外界开花流蜜时期，会有一部分蜜蜂在出房后的第 7 天即成为采集蜂。随着群势的壮大，蜂群的采集蜂数量就会越多，采集蜂的数量会占蜂群蜜蜂数量的 50%以上。而群势比较弱小的蜂群，由于哺育幼虫及调节巢温等工作的需要，牵制了蜜蜂出外采集，蜂群群势越小，采集蜂就会越少，有的弱小蜂群只有 4.3%的蜜蜂出外采集。

按上述情况分析：

一个 10 框蜂的蜂群，一般有 25 000 只左右蜜蜂，有不到 40%的工蜂出外采集，也就是不到 10 000 只蜜蜂出外采集。一只采集蜂一次采集花蜜约 40 毫克，每天出外采集平均 10 次。10 000 只×40 毫克/（只·次）×10 次/（群·

天）＝4 000 000 毫克/（群·天）＝4 000 克/（群·天）＝4 千克/（群·天）。这 4 千克花蜜水分含量很高，蜜蜂会转化去掉一半以上的水分，一个 10 框蜂蜂群一天只能采集 2 千克左右的蜂蜜。

一个 25 框蜂的强群，约有 63 000 只蜜蜂，约有 60％的工蜂可以从事采集活动。也就是说，有 37 000 只左右工蜂出外采集。这样的一群蜂一天采集的花蜜量是：37 000 只/群×40 毫克/（只·次）×10 次/（只·天）＝14 800 000 毫克/（群·天）＝14 800 克/（群·天）＝14.8 千克/（群·天）。蜜蜂采集回巢，会浓缩挥发掉花蜜中一半以上的水分。也就是说，大流蜜期，一个 25 框蜂强群，一天可以采进 7.4 千克左右的蜂蜜。

按上面的假设和推算，好的蜜源大流蜜期，10 框蜂的蜂群采集 20 天花蜜，可以酿造 40 千克左右的蜂蜜。而 25 框蜂的蜂群采集 20 天花蜜，可以酿造 150 千克左右的蜂蜜。

"八五"期间，中国农业科学院蜜蜂研究所蜜蜂饲养管理技术研究室沈基楷研究员等人在北京昌平锥臼峪实验蜂场做试验，利用双王繁殖培养强群，荆条流蜜期采用单王强群多箱体生产成熟蜂蜜，平均每群蜂生产成熟蜂蜜 145 千克。而一般两箱体蜂场蜂蜜产量只有 35 千克左右，最高产量不超过 60 千克。相关研究成果荣获 1999 年国家科学技术进步奖三等奖。

中国农业科学院蜜蜂研究所原所长马德风研究员等人，在黑龙江亚布力两个实验蜂场做试验，利用双王繁殖培育强群，椴树流蜜期采用单王强群多箱体生产成熟蜂蜜，平均每群蜂生产椴树蜜 143.5 千克。另一个实验蜂场，平均每群蜂生产椴树蜜 200 千克。而一般两箱体蜂场，每群蜂椴树蜜产量只有 40～60 千克。

中国农业科学院蜜蜂研究所实验蜂场原研究人员赵景民，在河北秦皇岛青龙县蜂场做对比试验，利用双王繁殖培育强群，荆条流蜜期采用单王强群多箱体生产成熟蜂蜜。强群多箱体蜂群，每群蜂采荆条蜜 150 千克，而一般两箱体蜂群及周边蜂场两箱体蜂群，每群蜂采荆条蜜 35 千克，最多不超过 50 千克。

赵景民取成熟
蜂蜜增产

中国农业科学院蜜蜂研究所彭文君研究员、韩胜明研究员等，与北京天宝康高新技术开发有限公司刘富海、罗婷、苏慧琦、刘然等人一起，在北京昌平白虎涧、北京昌平黑山寨、北京怀柔分水岭、北京怀柔区林下经济示范基地的 4 个实验蜂场，于 2018—2020 年，进行同蜂场不同群势蜂群生产蜂蜜对比试验。结果显示，单王 25 框蜂多箱体无隔王板实验蜂群，全年不喂白糖，每群年成熟蜂蜜产量达到 135～160 千克。单王 16 框蜂三箱体无隔王板实验蜂群，每群年成熟蜂蜜产量不到 50 千克。单王 10 框蜂两箱体无隔王板实验蜂群，每群一年成熟蜂蜜不到 30 千克。2018—2020 年，北京地区洋槐、荆条等植物连续 3 年流蜜欠佳，北京昌平、怀柔很多群势较弱的蜂场基本绝收，靠给蜂群饲喂白糖维持蜜蜂生活，只有少数群势较壮的蜂场在喂白糖的情况下一群蜂一年取了 20 千克左右的蜂蜜，个别蜂群取了 40 千克左右的蜂蜜，差异极为显著。经过多年的研究对比总结推广，"天然成熟蜂蜜优质高产技术"研究示范推广项目荣获北京市农业技术推广三等奖。

试验对比表明，4 千克（16 框）蜂以下的蜂群，采集蜂数量不够，不能保证蜂群的蜂蜜产量，也不能有效判断植物是否大流蜜。

要想采到比较多的蜂蜜，单王群群势应该在 4 千克（16 框）蜂以上，最好是 6 千克（约 25 框）蜂以上群势。如果是双王蜂群，群势最少应该在 8 千克（32 框）蜂以上，最好是 10 千克（40 框）左右群势。蜂群群势也不能太壮，双王蜂群群势达到 12 千克（48 框）以上时，蜂蜜产量反而会下降，而且双王超大群管理很不方便。综合比较，还是单王多箱体实用、方便、产量高。植物的花期有限，在百花盛开的时节，利用强群集中力量突击采蜜，是蜂蜜丰收的关键（图 2-4）。

图 2-4　强群是蜂蜜丰收的关键

（罗婷　摄）

（2）强壮蜂群的优势。强壮的蜂群采集蜂多，侦查蜂多，搜索蜜源范围更广，传递信息更多，能使同伴更快地定位花蜜来源，更有效地选择流蜜量大的蜜源，采集更多的花蜜。

强壮的蜂群内勤蜂多，调温调湿能力强。流蜜期，弱群蜂巢内相对湿度为 66%，强群蜂巢内相对湿度为 55%。强群采回来的花蜜脱水迅速，酿造转化快，蜜脾封盖快，蜂蜜成熟度高。

强壮的蜂群蜜蜂多，哺育力过剩，有更多的内勤蜂可以提前成为采集蜂。采集酿造的蜂蜜多，巢内饲料充足，蜜蜂一年四季不会缺饲料，也不会因吃花蜜而中毒。蜜蜂营养好，抗病能力强，不容易生病，可以从根本上消除抗生素等药物对蜜蜂的伤害，以及药物对蜜蜂产品的污染。蜜蜂自我调节能力强。可以一次加一层、两层、三层空脾储蜜继箱，蜂多空间大，可以对蜂群实施"粗放"管理。不用经常检查蜜蜂，也不用过分强调"蜂脾关系"，不用经常调整蜂群。也不用给蜜蜂保温，蜜蜂可以自己照顾自己。

强壮的蜂群使用多箱体养蜂，蜂巢内空间大，蜂王有充足的地方产卵，蜜蜂有足够的地方储蜜，蜂群群势强而且还不容易分蜂。流蜜期不需要经常取蜜，对蜜蜂没有太多干扰，蜜蜂可以集中精力采花酿蜜，蜂蜜产量高、品质好。同时，还大大减轻了养蜂人员的劳动强度。

强壮的蜂群使用多箱体养蜂，适合标准化、规模化、机械化、数字化生产，可以大大提高养蜂效率及养蜂效益。以采蜜为主的蜂场，宁养 60 个强群，不养 200 个弱群。60 群 25 框蜂强群蜂蜜的产量，相当于 200 群 12 框蜂蜂蜜产量。

（3）影响蜂群群势的因素。一般蜂场，单王蜂群群势都是 12 框蜂左右，但是在养蜂生产中，单王蜂群群势很难达到 25 框蜂左右。究其原因，主要有下面几个：

①传统两箱体养蜂，巢箱与继箱之间加了一个隔王板，采集回巢的采集蜂不愿意费劲通过隔王板，它们会把刚采回来的花蜜先卸在隔王板下面的巢箱中。流蜜期进蜜进粉量大时，会出现蜜占巢房、粉压子圈的现象，直接限制了蜂王产卵空间，影响了产卵效率，致使蜂王的产卵能力不能充分发挥，蜂群繁殖受到影响。

②一般养蜂人不太清楚多大群势才适合多采蜜，认为 24 框蜂蜜蜂能采蜜，12 框蜂蜜蜂也能采蜜，认为两群 12 框蜂蜂群的蜜蜂总数与一个 24 框蜂蜂群蜜蜂数量一样，两群 12 框蜂蜂群蜂蜜的总产量也与一群 24 框蜂蜂群蜂蜜产量一样。认为群势强了不好管理，很多人已经习惯巢箱里放 6 个巢脾，继箱里放 6 个巢脾，有蜜就摇，根本没有想着要把蜂群养强壮，觉得 11～12 框蜂群势就行了，连适合采蜜的最低群势 4 千克，16 框蜂都达不到。

③很多养蜂人认为，蜂群群势强了容易自然分蜂，为了减少自然分蜂，蜂群群势稍微强壮一些，养蜂师傅就会人为分蜂，把蜂群分成两群、三群，或把壮群的子脾调给弱群。蜂群的群势目标就是 12 框蜂左右，蜂群不可能太强。

④养蜂人认为强壮蜂群蜜蜂多，饲料消耗大，只有大宗蜜源才适合养强群。还认为一般蜜源采集酿造的蜂蜜不够蜜蜂自己吃，饲养强群会亏本。在主要蜜源开花结束之前，限制蜂王产卵，限制蜂群发展，要不然就把强壮一些的蜂群分散成弱群。

⑤有些地方政府对养蜂有补贴，蜂群数量多，政府补贴也多，导致养蜂人

只追求蜂群数量。

⑥两层标准箱体养蜂，蜂箱空间有限，连 18 框蜂都装不下，28 框蜂更不可能装下。

⑦转地养蜂，群势不能太壮；否则，途中会受热闷死。

⑧蜂群时常长途转运，在汽车运输过程中受到震动，蜂王不能正常产卵，幼虫也不能得到正常哺育，蜂群的群势不可能太强。

⑨经常开箱检查蜜蜂，干扰了蜜蜂的生活，影响了蜂群的繁殖。

⑩经常取蜜，有蜜就摇，致使蜂群内缺乏成熟蜂蜜饲料，增加了蜜蜂饥饿的风险及取食花蜜中毒的风险，还会导致蜜蜂寿命不长、群势不强。

⑪为给蜂群治螨或防治其他疾病，过量使用对蜜蜂有毒的药物，导致蜂王产卵量下降、卵不孵化，幼虫、蛹中毒，蜜蜂中毒，寿命缩短或死亡，严重影响了蜂群繁殖和群势。

⑫给蜜蜂喂白糖、喂代用花粉，致使蜜蜂营养不良、寿命不长、蜂群不强壮。

⑬鸟、胡蜂、蜻蜓、蜘蛛、蜂螨等蜜蜂天敌众多，影响了蜂群发展。

⑭农业集约化、规模化、机械化种植生产，广泛使用杀虫剂、除草剂，致使大量的采集蜂迷失或中毒死在野外，蜂群群势繁殖不起来。在喷农药的当天，蜜蜂中毒特别明显、暴躁、乱飞乱蛰人、死亡很多。

有些农药的毒杀有效期能持续 1 个月。残留在花朵、叶子上的农药，可能会溶入露水、雨水，有可能会被蜜蜂吸食。在喷农药后一段时间内，会持续使蜜蜂迷失、中毒、回不了蜂巢。

很多养蜂人觉得，现在的蜜蜂不好养了，蜂群的群势繁殖起不来，能达到 12 框蜂就不错了。以前的蜜蜂能达到 20 多框蜂，现在很少能养这么壮。

如果一个蜂群有 15～16 框蜂，却没有多少蜂蜜，很大原因是农药中毒导致的。因为蜜蜂出房 20 日龄以内是"内勤蜂"，20 日龄以后是"外勤蜂"。一只蜂王，如果一天平均产 2 000 个卵，20 天可繁殖 40 000 只蜂，这些蜂属于内勤蜂，16 框蜂左右。蜜蜂的平均寿命为 35 天，蜂王一共可以产 70 000 只蜂，28 框蜂左右，其中 30 000 只蜂属于外勤蜂。如果一个正常繁殖的蜂群，蜂群内的子脾数量 7～8 张，蜜蜂却只有 16 框蜂左右，很可能是外勤蜂在野外中毒没有回巢。新蜂不断出房成为内勤蜂，内勤蜂不断转化成外勤蜂，外勤蜂又不断中毒死亡。这样，蜜蜂出房数量与丢失的数量相对持平，蜂群保持在 16 框蜂左右，达到相对平衡的状态。

16 框蜂左右，是内勤蜂与外勤蜂群势的分界线。如果外面喷农药，再强壮的蜂群都会在半个月内逐步下降到 16 框蜂左右。凡是喷农药的地方，单王蜂群群势很难超过 16 框蜜蜂；如果是两箱体加了隔王板，则群势很难超过

12框蜜蜂。16框蜂，看着蜜蜂很多，就是蜂群进蜜不多，群势也起不来，这是喷农药导致采集蜂中毒死亡，蜂群里缺乏足够的采集蜂引起的。

杀虫剂、除草剂严重时还会影响内勤蜂及蜜蜂幼虫，如果内勤蜂取食了外勤蜂采回来的有毒蜜粉，内勤蜂也会中毒。幼虫被喂食了有毒的花蜜花粉，轻的幼虫发育迟缓，出现"烂子""白头蛹"（图2-5），严重的全部死亡。杀虫剂、除草剂，已经成为当今养蜂的一大危害。

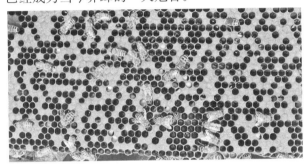

图2-5 农药中毒引起幼虫死亡，出现"白头蛹"

（刘富海 摄）

4. 多箱体养蜂

有好的蜜粉源，有好的蜂种，有强壮的蜂群，还需要采用多箱体养蜂。

采用"新王强群多箱体"养蜂，正好解决了两箱体养蜂的很多问题。

（1）空间大、蜂王产卵数量多，能维持强群群势。为了保证蜂王有足够的产卵空间，应该给蜂王提供2个或3个标准蜂箱箱体产卵。理论上讲，如果蜂王一天产1 800个卵，3天左右产满一张标准巢脾。工蜂从卵到出房需要21天，一个产卵周期，一只蜂王能产7～8张子脾，内勤蜂和外勤蜂总体群势可以达到25框蜂左右。也就是说，巢箱中放7～8张脾，已经能够完全满足蜂王产卵的需要。

实际上，巢箱中放7～8张脾供蜂王产卵，产卵空间是不够的。因为在流蜜期，由于隔王板的影响，工蜂会在巢箱巢脾中储存大量花粉和花蜜，会限制蜂王的产卵空间，使其不能充分发挥其产卵能力，其一天的产卵量，也就是1 000个左右，群势只能是12框蜂左右。

为了减少花粉、花蜜对蜂王产卵的影响，一只优秀的蜂王需要12～18张巢脾供其产卵，也就是需要2个箱体、3个箱体供蜂王产卵，才能发挥蜂王的产卵能力，才能使蜂群群势达到25框蜂以上。

（2）蜂群不易分蜂。组建强群多箱体时，最好使用新蜂王，及时给蜂群加继箱。由于蜂巢空间大，工蜂有地方储蜜，蜂王有地方产卵，蜜蜂不拥挤，再加上使用新蜂王，蜂群不易分蜂。

（3）不加隔王板，不用上下调脾，不用经常检查蜂群。蜂群内蜜蜂多，可以一次性添加1个、2个甚至3个继箱，管理很方便。可一人多养，显著提高养蜂效率。

（4）内勤蜂多，进蜜快，酿蜜效率高，蜜脾封盖速度快，蜂蜜品质好。强群多箱体蜂巢内空间大，空巢房多，蜜蜂采回来的稀蜜可以分散存放在更多的空巢房内，每个巢房内只存放少量稀蜜，由于表面积大，稀蜜中水分蒸发的速度快，蜂蜜成熟速度也快。

经观察表明，1/4的巢房装满稀蜜，其浓度提高的速度约为装满3/4的巢房的2倍。

（5）根据蜜源情况，一年只取2～3次封盖蜜脾，蜂群内常年都有充足的蜜蜂转化好的蜂蜜蜂粮饲料，蜜蜂不会因为吃没有经过转化的花蜜花粉中毒。蜜蜂营养好、寿命长、工作能力强、抗病能力也强，除了蜂螨及农药中毒之外，没有其他疾病，能够从根本上减少抗生素等药物对蜜蜂的伤害，及对蜜蜂产品的污染。

（6）采集蜂多、采集能力强。不论是大宗蜜源还是辅助蜜源，只要外界有花流蜜，蜂群都能持续进蜜。蜂群群势越弱，采集蜂越少，采集酿造的蜂蜜越少，越容易缺蜜；蜂群群势越强，采集蜂越多，采集酿造的蜂蜜越多，越不会缺蜜。根本不用担心主要蜜源过后"强群会缺饲料"，强群蜜蜂"消耗量大""无法生存"等问题。应该担心的是弱小蜂群很有可能缺蜜。

（7）由于平时不取蜂蜜，蜂群一年四季不缺饲料，根本不需要给蜂群喂白糖，养蜂投入更少，蜂蜜品质更好。

（8）强群多箱体，以箱体为单位进行管理，养蜂操作更加简单，效率大大提高，更适合机械化、标准化、规模化、数字化养蜂。同时，也适合业余养蜂（图2-6）。

图2-6 单王强群多箱体采蜜，蜂蜜产量高、品质好、管理方便
（刘富海 摄）

5. 良好的卫生环境

强群多箱体生产成熟蜂蜜，没有蜂蜜加热灭菌过程。为了蜂蜜不被污染，卫生指标达到国家质量标准要求，生产成熟蜜需要有良好的生产环境和严格的卫生条件控制。

（1）蜂场周围5千米范围内，无水土污染、无糖厂、无农药污染等。要选择空气清新、水质良好、蜜源丰富、环境适宜的地方放蜂。

（2）蜂场、蜂箱、巢脾、工具，定期消毒、清洁，确保干净卫生。养蜂人员要健康、无传染疾病。

（3）成熟蜜脾脱蜂、收取、储存、运输等所用器具及操作过程都要严格卫生管理。

（4）取蜜车间、取蜜工具、储蜜容器等都要严格消毒、清洁卫生。车间工作人员要健康、干净卫生、无传染性疾病（图2-7）。

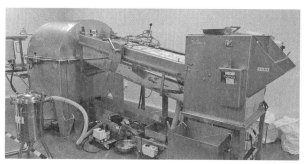

生产成熟蜂蜜
必要的条件

图2-7 清洁卫生的生产环境

（刘然 摄）

二、蜂群强壮方法

要想蜂蜜优质高产，获得更高的养蜂效益，就必须有强壮的蜂群。

16框蜂以下的蜂群，主要是内勤蜂，出外采集的蜜蜂数量不够，不能够充分利用蜜源，不能有效反映出外界是否大流蜜，只有强壮的采集蜂多的蜂群，才能有效利用蜜源、迅速采集酿造蜂蜜。不管是主要蜜源还是辅助蜜源，外界只要有植物开花流蜜，群势强壮的蜂群都能充分利用，都能采集酿造足够多的蜂蜜。

为什么春天百花盛开，很多人养的蜜蜂却采不到多少春天的蜜？其主要原因就是在春暖花开时，蜂群群势太弱，良好的蜜源只是用来繁殖蜜蜂，非常可惜。只有强壮的蜂群，既能有效利用大宗蜜源，又能够利用零星蜜源。以采蜜为目的的蜂场，养蜂人员常年要做的工作就是想办法在当地蜜源植物开花流蜜之前，使蜂群足够强壮。蜂群强壮，不仅采集能力强，而且蜂群抗寒能力、调温调湿能力、繁殖哺育能力、抗病能力等都强，不用保温、不用调脾、不用经常取蜜，管理方便。蜂蜜产量高、品质好。

意蜂采蜜蜂群群势目标：

单王采蜜群：最小群势 4 千克，16 框蜂以上；最佳群势 6 千克，25 框蜂左右。

双王"品"字形采蜜群：最小群势 8 千克，32 框蜂以上；最佳群势 10 千克，40 框蜂左右。

群势不够，蜂蜜产量不能得到保证。

在春暖花开之前，天气还比较寒冷，提前 30～50 天用弱群慢慢繁殖蜜蜂，对蜜蜂是一种很大的伤害。蜜蜂为了哺育幼虫、保持巢温，需要把零下几度，甚至零下十几度的温度，提高到 34～35℃，这需要蜜蜂昼夜不停地消耗大量的能量和精力提高巢温，会增加蜜蜂饲料消耗，会大大缩短蜜蜂寿命，蜂群会出现显著"春衰"。由于蜂群繁殖很慢，到了春暖花开时，群势也达不到适合采蜜的群势，仍然会错过春季和夏季的大好蜜源。

大宗蜜源到来时，生产蜂蜜的蜂场不能再继续慢慢繁殖蜜蜂，而要及时组织强壮的蜂群才能获得蜂蜜大丰收。组织强壮蜂群，不能按传统的养蜂方法和思维在寒冷季节提前慢慢繁殖蜜蜂，需要采取特殊的快速扶壮蜂群的措施。

组织采蜜强群主要有以下几种方法：一是"坚持长年饲养强群"；二是购买笼蜂扶壮或购买别人的蜜蜂组成强群；三是"合并自己的蜂群"或组成"'品'字形联合体蜂群"，或者"3 个蜂王联合组建采蜜强群"。

1. 坚持常年饲养强群

要饲养强群，不能像传统养蜂那样，在春天还没到，气温还很低，花还没有开时，给蜂群进行严密包装，里外保温，提前 1～2 个月就开始了春季繁殖。等到把蜂群群势繁殖到 20 框蜂以上时，已经是五六月了。到了 8 月，在华北东北地区，又要开始秋季繁殖越冬蜂了。一年的时间，就这样在忙碌的繁蜂中过去了。年复一年，辛辛苦苦，也根本采不到多少蜂蜜，去掉蜜蜂饲料等开支根本没有多少收入。

要想提高养蜂效益，就不能错过春季、夏季的大宗蜜粉源，要采取一切措施让蜂群群势在春季大流蜜之前达到适合采蜜的群势要求。要做到春季蜂群强盛，单靠春季繁殖是不行的，必须从秋季开始培育强壮蜂群，并做好以下几方面工作：

（1）秋季繁殖越冬蜂前更换蜂王

为了发挥新蜂王的产卵能力，加快蜂群发展，在培育越冬蜂之前，可以培育一批新蜂王，把蜂群里的蜂王更换成新蜂王。秋季换蜂王，不仅能加快蜂群秋季繁殖，而且还能为春季繁殖奠定基础。

中国南北气候不同，不同地区繁殖越冬蜂的时间不同，要根据当地情况，确定育王、换王和秋季繁殖时间。蜂场中有多余蜂箱的，可以利用采蜜即将结束的强群，分出部分蜜蜂做交尾群培育新蜂王。新蜂王交尾成功产卵后，经一段时间的产卵观察，就可用产卵整齐健康的蜂王更换生产群中的老劣蜂王。也可以利用强群的蜜蜂补强交尾群，让新蜂王继续单独繁殖，越冬前再与生产群合并强群越冬。没有多余蜂箱的，也可以原群加隔王板或铁纱副盖，隔王板或副盖上加一层覆布，把蜂群分隔成上下两群，继箱反方向单开巢门。继箱作为处女王交尾群，新蜂王交尾成功后，对其产卵情况进行一段时间的观察，蜂王没有质量问题后，捉走老蜂王，撤除隔王板或副盖，用报纸合并等方法，将上下两部分蜜蜂合到一起。为了省事，也可以不用寻找和捉走老蜂王，上下两部分直接合并，让蜂群自然选择淘汰其中一个蜂王。

（2）繁蜂之前，严格防治蜂螨

蜂螨一直是危害蜜蜂健康比较严重的害虫之一，如果蜂螨防控不好，不仅蜂群繁殖不起来，而且还有可能导致蜂群全军覆没。一般在蜜蜂春季繁殖、秋季繁殖开始之前，不管蜂群有没有蜂螨，都会进行蜂螨防治。

防治蜂螨的方法有很多种，利用化学药物治螨容易伤蜂、伤子，也有可能会污染蜜蜂产品。现在世界各国都在探索相对安全的植物提取物治螨，以及物理方法治螨。

①断子治螨方法。原蜂群不囚蜂王，将幼虫脾及封盖子脾全部提出，用双甲脒及甲酸药水给蜂群治螨2次。提出的子脾放到几个蜜蜂多的囚了蜂王的强群中集中羽化，待蜂群中子脾全部出房后，用双甲脒及甲酸药水进行彻底治螨。

断子治螨时，也可以在继箱和巢箱间用隔王板隔开，隔王板之上加一覆布，将蜂群分隔成上下2个区，继箱上再开1个巢门，方向与巢箱的巢门相反。将蜂王、卵脾、空脾、蜜粉脾留在巢箱，给巢箱进行彻底治螨。把蛹脾和幼虫脾提到继箱，同时将2～3张蜜脾、蜜粉脾放到继箱，对继箱封盖子脾，用升华硫加甲酸，适量刷脾治螨。然后在继箱中放一个成熟王台，待王台中蜂王出房交尾产卵、继箱子脾全部出房后，再给继箱蜜蜂进行一次彻底治螨。治完蜂螨，让新蜂王继续产卵一段时间，对新蜂王考查合格后，把巢箱中的老蜂王捉走，上下蜂群合并成一群。上下蜂群合并时也可以不捉老蜂王，让新蜂王、老蜂王继续各自产卵，慢慢自然选择淘汰其中一个蜂王。

用升华硫加甲酸刷脾治螨时，药量要适当，药量过大容易导致蜂王产的卵不孵化。出现蜂王产卵不孵化时，可以对

甲酸升华硫
防治蜂螨

产卵巢脾及蜜蜂喷一次解磷定水剂，使卵孵化恢复正常。

②太阳能热疗除螨方法。蜜蜂和蜂螨对温度的变化都非常敏感，但是蜂螨对温度变化更加敏感。如果将蜂螨暴露在 40～47℃下约 150 分钟，则蜂螨会被杀死。这对于蜂螨的所有发育阶段都是有效的。国外有人通过 10 多年的研究，发明了一种名为 Thermosolar Hive 的蜂箱，它利用太阳能缓慢加热蜂群，通过热疗杀螨，取得了满意的效果。

给蜂群治螨时，打开蜂箱上面的大盖，利用太阳能板加热蜂箱上部，蜂箱内置温度传感器，一旦蜂箱上部温度达到 47℃，就可以盖上蜂箱盖结束加热。蜂箱会将蜂群内的温度混合均匀，并保持 2 小时以上，这样就足以杀死蜜蜂身上及隐藏在蜂房内的蜂螨了。蜜蜂和封盖子可以承受这样的温度而没有任何影响。

在接下来的 10 天中，蜂螨将陆续脱落箱底。只需抽出蜂箱底座上的承螨板，清除蜂螨即可。重复几次就可以完全消除螨害。

③蜂群电加热除螨方法。德国养蜂人发明了一种蜂群加热除螨装置 BIENENSAUNA。通过本装置可以 100% 杀灭蜂群中的蜂螨。该装置可以监控并调节蜂箱内的温湿度，将蜂箱内的温湿度维持在对蜜蜂无伤害又能杀死蜂螨的条件下，即将蜂箱内部温度缓慢加热至 41～42℃，相对湿度介于 40%～60%，经过 3 小时处理，1 年处理 2 次即可根治蜂螨。

我们知道，蜂螨的最大耐受温度是 39℃，超过这个温度，其体内蛋白质就会发生变性，受到不可逆转的损害，而蜜蜂的最大耐受温度却是 45℃。这个装置能够缓慢使蜂箱逐层加热至 41～42℃，装置会根据蜂箱内的温湿度进行不同速度的预热，预热阶段可能需要 20～45 分钟，越接近处理温度，升温速度就越慢。加热产生的气流是缓慢而均匀的，蜜蜂在处理的过程中会安静地、均匀地分布在巢脾上。在 41～42℃下加热 3 小时对于蜜蜂来说是很容易承受的。

加热处理并不会伤害蜜蜂：幼蜂在热处理过程中孵化得越来越多，因为它们的新陈代谢受到刺激，只需要较少的能量就可以打开封盖出房。哺育蜂们也得到了几个小时的休息。它们不再需要自己加热来维持子脾温度，所以它们离开子脾，去休息或摄取食物。热处理过的蜂群早上更容易外出采集，蜂箱里面会有更多存蜜。热处理会使蜂群中生病或螨害导致残疾的蜜蜂更快地被淘汰。蜂王也不会受到影响，加热装置位于蜂箱的最底部，蜂王会远离加热装置，即使温度对蜂王不适宜，蜂王身边也会有一群蜜蜂保护它，为它调节温度。

④利用雄蜂房治螨方法。蜂螨有在雄蜂房中繁殖的习性，在雄蜂房繁殖的概率远远超过在工蜂房繁殖的概率。研究表明，蜂螨的寄生分为蜂体自由寄生

和封盖房内繁殖 2 个阶段。在蜂体自由寄生阶段，寄生于工蜂和雄蜂的胸部及腹部环节间。一般情况下，1 只工蜂体上寄生 1～2 只雌螨，雄蜂体上可多达 7 只以上。在封盖房内繁殖阶段，工蜂幼虫房通常寄生 1～3 只，而雄蜂幼虫房可高达 20～30 只（图 2-8、图 2-9）。

我们可以利用蜂螨这个习性，让蜂王连续在雄蜂巢脾上产几脾雄蜂卵，于雄蜂幼虫封盖出房前提出蜂群，生产雄蜂蛹，可以将螨害减少 50％以上。

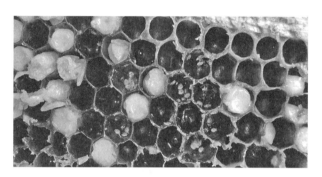

图 2-8　雄蜂房中的小白点都是幼螨
（薛永胜　摄）

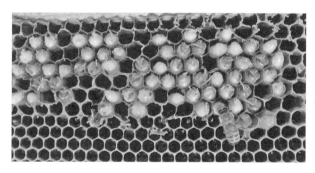

图 2-9　雄蜂房中的蜂螨
（薛永胜　摄）

⑤雄蜂脾电热除螨方法。美国密歇根州立大学黄智勇教授发明了一种 MiteZapper 电热塑料雄蜂房除螨巢脾。通过对巢脾通电加热，可以有效控制蜂群螨害。把可电加热的雄蜂巢脾，放到蜂群靠边第 3 张脾的位置，即蜂王最喜欢产卵的位置，让蜂王在脾上产雄蜂卵。在雄蜂蛹发育到 18～23 日龄时，用 12V35A 电瓶给雄蜂脾通电加热 8 分钟，雄蜂房中的雄蜂蛹和蜂螨会被全部杀死。断开电源后，蜜蜂会在 72 小时之内把雄蜂房内的雄蜂蛹尸体及蜂螨尸体清理干净。清理干净后，蜂王还会在雄蜂巢脾上继续产卵，20 天左右，再通电加热处理 1 次。整个雄蜂繁殖季节，一个蜂群处理四五次，即可以有效控

制蜂群螨害。

⑥超声波治螨方法。国外研究人员发现，超声波可以用来防治蜂螨。蜜蜂对频率2 000～8 000赫兹的超声波有反应，对9 000赫兹以上的超声波没有反应。而蜂螨对频率12 000～17 000赫兹的超声波有显著反应。特别是频率为14 000～15 000赫兹的"方波"，能使蜂螨进食受到极大干扰，成年蜂螨会在10～20天死亡。这个频率的超声波，能使在封盖房内产卵的雌性蜂螨受到干扰，会使其立即停止产卵。封盖房内的幼螨会在1天内死亡。使用时直接把超声波仪放在巢脾上方框梁上，套一空继箱套，盖上箱盖。每年治螨2次，每次连续治螨40天。超声波治螨的理想时间是2—4月和7—10月，治螨率可达90%以上。冬季群势小，治螨效果可达95%以上。该设备有可充电的干电池，每次充电可使用40天。由于超声波对蜜蜂不会产生伤害，在大流蜜期也可治螨。但是流蜜期继箱多，超声波仪的位置距离育子箱较远，有效率会相对降低。为了防止蜂群与蜂群之间相互传染，超声波治螨时应该全场蜂群同时治疗。

⑦冷库越冬治螨方法。秋天花期结束后，用王笼扣王，使蜂王停止产卵。留足蜂蜜饲料，取出多余的蜜脾。扣王21天后，子脾全部出房，合并中等群势以下的蜂群，调整好群势及饲料数量。待蜜蜂傍晚归巢后，直接将蜂群移入冷库。调节冷库温湿度，逐步使蜂群进入结团越冬状态。这样做可以节省大量蜂蜜饲料，延长蜜蜂寿命，保存蜜蜂实力，控制蜂螨危害。

冷库配有空气过滤、通风、二氧化碳、氧气、温度调控、监测等系统。进入冷库后，蜂群都聚集到一起，冷库中的二氧化碳浓度升高。试验证明，室内二氧化碳浓度为8%时能够杀死蜂螨，而不会杀死蜜蜂。二氧化碳浓度升高会导致昆虫的呼吸管打开，它们会通过呼吸管失去水分。蜂螨比蜜蜂更容易失去水分，因为它们体积更小、表面积相对更大。而蜜蜂可以通过食用蜂蜜补充失去的水分，二氧化碳浓度升高并不会伤害蜜蜂。再加上进入冷库后，蜂巢中没有蜜蜂蜂蛹，蜂螨失去了繁殖的地方。这意味着蜂螨数量不会增加，蜂群中的蜂螨可能会死亡或变老而无法成功繁殖，能够更好地控制螨害。冷库低温低氧高二氧化碳条件下，蜜蜂处于休眠状态，蜜蜂代谢缓慢，不空飞、不哺育幼虫，它们可以保存能量及身体脂肪，蜂群消耗的饲料很少，蜜蜂更加健康、寿命更长。

⑧食品级矿物油治螨。美国养蜂人员发现，用食品级矿物油可以防治蜂螨，并申报了相关专利。具体方法是食品级矿物油1升，蜂蜡0.5千克，长40厘米，直径8毫米的棉线条90根。先将矿物油倒入锅中煮开，加入蜂蜡融化，将棉线放入搅拌，让棉线充分吸收矿物油，放凉后，将棉线条放入蜂箱中防治蜂螨。防治蜂螨时，一般单箱体放2条，双箱体放3条，多箱体每层放2

条，每周换 1 次。这种方法既可防治蜂螨，又可防治蜂箱小甲虫。

也可以用食品级矿物油直接喷雾治螨。方法是将食品级矿物油装入喷雾器，对着蜂箱巢门口喷雾 5 秒，每周 1 次。

⑨挥发油治螨方法。香精油可以杀螨，挥发性越强的香精油，杀螨效果越好。香精油可以刺激蜂螨在蜂身上翻转不安，易于从蜂身上掉落到箱底。掉落的蜂螨不一定死亡，因此应该用活箱底蜂箱配合治螨，在活箱底纱网（网眼 8 目）下面放一块硬纸板接螨，板上面涂有凡士林，直接黏住脱落下来的蜂螨；也可以在活箱底纱网下的托盘上撒一些生石灰、硫黄和水（石硫合剂）或洗衣粉，直接杀死落下来的蜂螨。

⑩植物草油和桉树油混合治螨方法。美国农业部农业研究局昆虫学家考尔德伦（2003）进行了试验，提取植物草油和桉树油，将其混合后用于治蜂螨，不仅能杀螨，而且还能消灭细菌和真菌。晚秋取蜜结束后，把吸收植物草油和桉树油混合物的砖块放在蜂群内几个星期，混合油可以杀死 98% 的大蜂螨。

⑪葡萄香精油治螨方法。据美国 P·Z 艾尔森等（2000）报道，从不同种葡萄叶中分离出含有不同成分的葡萄油，经分离后主要成分有柠檬醛、香茅醛、柠烯等，分别使用，均有效果，但柠檬醛效果最佳，治螨率可达 73%。

⑫芹菜汁治螨方法。颜伟玉等（2006），利用 50% 的新鲜芹菜汁熏杀蜂螨，熏杀 4 小时，落螨率 96.9%，安全有效。

⑬芹菜籽油治螨方法。高夫超等（2000）利用 5%～6% 芹菜籽油，配合 1% 哈密瓜香精，采用喷脾方法治螨，杀螨率 96.44%，安全无毒，效果好。

⑭核桃皮提取物治螨方法。宋怀磊等（2018）利用青核桃皮提取物，配合桉树油用于治螨，除蜂螨效果好，对大小蜂螨均有效，对蜜蜂和蜜蜂产品安全无毒。

⑮花椒精油治螨方法。杜开书等（2018），将花椒精油置于棉球中，把棉球放置在蜜蜂箱底，通过熏蒸方式作用于蜂群，每箱用量为 3～10 毫升，每隔 5～7 天用药 1 次，每个疗程 3～5 次。本方法操作简单，杀螨效果好，对大小蜂螨均有效，对蜜蜂毒性小，无抗生素残留，安全可靠，可保证蜜蜂产品安全。

⑯百部等提取物治螨方法。张继瑜等（2005）用 0.05% 百部提取物、1% 博落回提取物、25% 薄荷提取物治螨，对大小蜂螨有杀灭作用，而且对蜂安全。

⑰百里香精油治螨方法。将从百里香中提取的百里酚，放在有网眼的袋子里，挂在巢框间，或将百里酚溶液浸在海绵里，放在框梁上或放在子脾间，不断蒸发，可以杀死 66%～98% 的大蜂螨。

⑱松针粉治螨方法。A.H 拉蒂莫（1989）用松树和云杉的针叶磨成粉治

螨，效果很好。因为大蜂螨难以忍受松针的气味，而且松针粉还能使大蜂螨足的跗节吸盘上黏上松针粉末，影响其正常活动而掉落箱底。

A.M 阿巴库莫夫（1990）用苦艾和欧洲赤松水煎液加入糖浆饲喂越冬蜂获得蜂螨寄生率下降 88.7%～92.5%的效果。

⑲烟草治螨方法。有人直接把烟叶放到开水中浸泡两天，过滤后浸出液装瓶密封备用。每次查看蜜蜂时用喷壶对着框梁喷几下浸出液。一方面，可以减少蜂螫；另一方面，可以杀死蜂螨。长期坚持少量喷雾，全年没有螨害。也有人使用烟叶生石灰来防治蜂螨，配料有烟叶、生石灰、洗衣粉、水。方法是1 份烟叶晒干揉成粉末，然后加入 0.5 份生石灰、0.2 份洗衣粉、3～4 份水搅拌均匀后装入容器中，然后密封保存。使用时，用过滤好的混合液对着框梁喷几下即可，也可将配制好的混合液倒入活箱底纱网下面的托盘内，熏杀蜂螨，7 天 1 次，连治 3 次。这种方法对大小蜂螨均有效。需要现配现用。

在我国养蜂生产中，最常采用的杀螨方法是用双甲脒、菊酯类、升华硫、石硫合剂、甲酸等药物治螨，这些药物对控制大小蜂螨都有效。但是，这些杀螨药物都有一定毒性，对蜜蜂会造成伤害，剂量稍大就会导致蜜蜂慢性中毒，轻的缩短蜜蜂寿命，重的会引起蜜蜂死亡，并对蜜蜂产品有污染。采用物理方法或生物防治方法治螨，不仅不会污染蜜蜂产品，而且对蜜蜂无毒副作用，是今后蜂螨防治的方向。

蜂螨不只是寄生在蜜蜂身上，蜂场的草丛或野外草丛中都有可能寄生。为了减少蜂螨爬入蜂箱危害蜜蜂，平时把蜂箱架高 20～30 厘米，在支架腿周边撒些石灰，并经常清理蜂场杂草、腐烂物、肥堆，对减少蜂群蜂螨危害及其他病虫害都很重要。

（3）秋季利用多箱体繁殖越冬蜜蜂

秋季撤除储蜜继箱及封盖蜜脾，调整蜂群，用断子治螨方法彻底治螨。根据蜂群的群势情况，把蜂群拆分或合并调整到 8 框蜂左右，介入新培育的产卵蜂王，开始秋季繁殖。

秋季繁殖时，可以采用单王 2 个箱体或 3 个箱体繁殖，1 个标准巢箱、1 个标准大继箱、1 个浅继箱，箱体之间不要隔王板，自由繁殖。巢箱主要用于储存花蜜、花粉，标准大继箱主要用于蜂王产卵，同时也储存少量的蜂蜜、花粉，浅继箱用于储存蜂蜜。这样做可以减少粉压子圈、蜜压子圈对蜂王产卵繁殖的影响。

浅继箱中都是封盖或未封盖的蜜脾，里面蜜蜂很少。蜜蜂主要集中在有子脾的标准大继箱里，护子、哺育幼虫，不用担心蜂箱空间大蜜蜂分散而影响繁殖。把强壮的蜂群调整到 8～10 框蜂群势进行繁殖，主要是因为 8～10 框蜂群势的蜂群，采集能力、保温能力、调湿能力、哺育能力、抗逆能力等都比较强，不需要人为对蜂群进行过多干预，蜜蜂可以正常生活和繁殖，是蜜蜂繁殖比较适合的群势。

很多人喜欢在巢箱中间加一块立式隔王板，左右各 4 个巢脾，双王繁殖，认为双王群保温好、繁殖快。其实，巢箱中左右双王繁殖以及巢箱继箱上下双王繁殖，不如 8～10 框蜂 2 个或 3 个箱体一个蜂王繁殖。只要蜂箱数量足够，能够用单王繁殖的就不要用双王繁殖。8～10 框蜂单王多箱体繁殖，蜂箱中产卵空间大，蜜蜂有充足的储存花粉和蜂蜜的空间，不影响蜜蜂继续储蜜、储粉和蜂王产卵，也不用上下调脾，蜂群管理比双王群方便。繁殖结束后，2 个或 3 个单王繁殖的蜂群合并成一群，即可实现强群越冬（图 2-10）。

图 2-10　单王多箱体繁殖，不用隔王板
（刘富海　摄）

（4）用优质的花粉和蜂蜜繁殖越冬蜜蜂

在主要流蜜期结束后，统一撤储蜜继箱时，下面的 3 层蜂箱暂时不撤除、不取蜜，都留给蜜蜂秋季繁殖时食用。秋季繁殖结束之后，天气渐冷，蜂群越冬之前，再根据情况对蜂群群势及越冬饲料进行合并调整。

秋季的蜜源比较匮乏，但有些地方秋季仍然有零星蜜源在流蜜，这些蜜源植物能给蜂群继续提供秋季繁殖用的花粉和蜂蜜饲料。不同的地方秋季蜜源植物不一样，有的地方有鬼针草、野桂花、茶花、一枝黄花、九龙藤、桉树、柃树、八叶五加、野坝子、五倍子等，有的地方有芝麻、葵花、棉花、升麻、韭菜、胡枝子、马棘、山胡萝卜、荞麦、栾树、益母草、南瓜、丝瓜、野菊花、野藿香、拉拉秧、沙打旺等，很多地方秋季的蜜源能够满足蜜蜂繁殖的需要。也有一部分地方，在秋季蜜蜂繁殖期间，外界没有任何蜜源，蜂群秋季缺粉缺蜜。这样的地方，应该及时给蜂群饲喂当年的优质花粉，补充当年的优质蜜脾，促进蜜蜂正常生长发育繁殖。

很多人在蜂群秋季繁殖时，把蜂群中的蜂蜜取出来，给蜜蜂喂白糖进行秋季繁殖，如果蜂群缺少花粉，就给蜜蜂补充饲喂代用花粉或存放一年以上的氧化花粉。这样繁殖的蜜蜂，营养不良，体质很差，越冬效果不好，春季蜜蜂存活时间短，容易出现春衰，蜂群不能够充分利用春季、初夏的蜜源。

优质的蜂蜜和优质的花粉，不仅对蜜蜂秋季繁殖非常重要，而且对蜜蜂越冬、春季繁殖也都非常重要。经试验对比，蜂巢内没有花粉的越冬蜂群，容易发生春衰，春季蜂数有的可下降 78%。而蜂巢中有一定数量的优质花粉进入越冬期的蜂群，春季蜂数只减少 6%，差异十分明显。

究其原因，可能是由于只用糖类饲料越冬的蜜蜂，必须消耗体内的大量蛋白质等营养，致使蜜蜂寿命大大缩短。特别是喂白糖饲料越冬的蜜蜂，营养更加缺乏，蜜蜂寿命不仅会缩短，而且在春天哺育能力、采集能力都大大下降，培育出来的新蜂体质也很虚弱，寿命不长。

所以，秋季蜂群内存足够的花粉和蜂蜜，对蜜蜂秋季繁殖、越冬、春季繁殖，都非常重要。

一般来说，在蜂群进入越冬时期，巢内有 3~5 张脾上有一定数量的花粉，即可满足蜂群越冬和早春繁殖的需要。

越冬之前，不要给蜂群突击饲喂越冬饲料。因为在撤继箱蜜脾时，留下的下面三层箱体的蜜脾，就是留给蜂群秋季繁殖及越冬用的饲料，再加上 8 月、9 月仍有花蜜花粉采入，根本没有必要给蜂群突击饲喂越冬饲料。待到天气变冷，蜂群要越冬之前，再视蜂群情况，合并调整蜂群群势及越冬饲料。这样做可以尽量减少蜜蜂劳动量，保存蜜蜂实力，延长蜜蜂寿命。

（5）越冬之前蜂群调整

为了使蜜蜂安全越冬、延长蜜蜂寿命、保存蜜蜂实力、减少蜜蜂越冬饲料消耗、降低养蜂成本、提高养蜂效益，在蜜蜂越冬之前，对蜂群进行一次大调整，把蜂群调整到适合当地越冬的群势。

有试验研究表明，4~5 框蜂越冬蜂群，平均每框蜂消耗饲料 1.9 千克，而 8~9 框蜂越冬蜂群，平均每框蜂消耗饲料 1 千克，强壮的蜂群平均每框蜂饲料消耗量比弱的蜂群平均每框蜂大约节省了一半。同样条件，4~5 框蜂越冬蜜蜂死亡数是 32.2 克，而 8~9 框蜂越冬蜂死亡数却是 9.4 克，两者的死亡数相差 3 倍多。如果越冬蜂群势壮，吃的又是优质封盖蜜及优质花粉，蜜蜂越冬死亡率会非常低，而且蜜蜂春季存活时间比较长，最长的可以活到翌年 6 月初。

强群，越冬条件好的蜂群，蜂王 8 月产的卵羽化出的蜜蜂，越冬死亡率只有 0.85% 左右。弱群，营养不好、越冬条件不适宜，蜜蜂越冬死亡率有的高达 40% 左右，生存下来的蜜蜂，处于亚健康状态，春天里存活的时间也比较短。

群势强、饲料足对蜂群成功越冬非常重要。虽说不同地方冬季寒冷情况、冬季长短不一样，但是不管什么地方，只要蜂群内蜜粉饲料充足，群势越强，蜂群抗寒能力越强，饲料消耗越少，死亡率越低，蜜蜂寿命越长。

蜂群群势越弱，抗寒能力越差，饲料消耗越多，死亡率越高。

例如，在中国华北地区，为了获得更多的商品蜂蜜、节省蜜蜂越冬饲料、降低蜜蜂越冬死亡率、延长蜜蜂的寿命、翌年春季蜂群群势强壮，在越冬之前，都应该对蜂群进行大合并、大调整，使越冬群势最少达到16框蜂左右。

在当地白天最高气温相对稳定在14℃左右时，统一撤出蜂群多余的蜜脾、空脾、子脾，留下越冬用的蜜脾、粉脾及半蜜脾，给蜂群治一次蜂螨。撤完脾，治完蜂螨后，根据蜂群群势，翌日把临近的蜂群带蜂王直接合并，组成16框蜂左右的越冬强群。如果担心合并蜂群时蜜蜂打架，可以用喷水壶给蜜蜂喷少许水，也可以用喷烟器给蜂群喷些烟，然后合并调整群势。因为气温低及烟熏的刺激，蜜蜂不会打架。蜂群合并以后，蜂群蜂王会自然淘汰，留下其中一只蜂王。

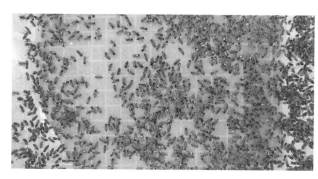

标记刚出房
的幼蜂

图2-11　标记不同群势、不同营养条件的越冬蜂。
营养好，条件适宜，越冬蜂寿命大大延长
（罗婷　摄）

合并蜂群时，16框蜂左右蜂群，采用三箱体越冬，蜂数18框蜂左右的蜂群，采用四箱体越冬。四箱体越冬（图2-12A），最上面一层箱体内，放蜜脾、带花粉的蜜脾，中间放1个或2个有少量空巢房的大半蜜脾。上面第2个箱体放半蜜脾、带有花粉的半蜜脾。第3个箱体，中间放蜜多一些的半蜜脾，两边放蜜少一些的半蜜脾。最下面箱体（巢箱），是一个空箱，即"冷区"，有利于降低蜂箱温度，有利于冬季蜂箱除湿散热，可以减少冬季蜜蜂活动，减少气温稍高时蜜蜂外出空飞，保存蜜蜂实力。三箱体越冬的（图2-12B），没有上面说的第3个箱体，其余箱体依照上述方法放置。适当放宽蜂路，利于蜜蜂结团。

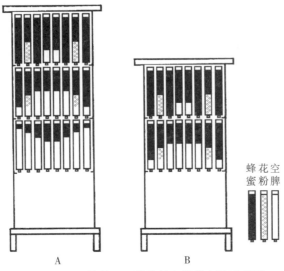

蜂花空
蜜粉脾

A   B

图 2-12 四箱体、三箱体越冬蜂巢布置示意图

（苏慧琦 绘）

在华北地区，从秋季蜜源结束到翌年春季花开，一个 16 框蜂左右的蜂群，需要放 40 千克左右蜂蜜，蜂更多的可以适当多放一些。虽说这些蜂蜜蜜蜂根本吃不完，也可能只消耗其中的 1/3 左右，但是蜂群内充足过剩的蜜粉饲料，不仅供蜜蜂取食，而且对蜂群越冬保温起重要作用，是保证蜜蜂顺利越冬及春季正常繁殖的关键。

合并调整越冬蜂群时，根据蜂群情况，把临近的两群、三群合并成一群，使蜂场蜂群数量剩下 40% 左右。不用担心蜂群数量减少，虽然蜂群数量少了，但蜜蜂的数量并没有减少（图 2-13）。

蜂群多箱体越冬

图 2-13 强群多箱体越冬蜂群

（罗婷 摄）

越冬前进行大合并，主要是为了减少越冬蜂群数量，尽量多取出蜂场蜂群中的蜂蜜，增加商品蜂蜜的数量，使蜂场利益最大化。而且，蜂群合并后，能够增强蜜蜂的抗寒能力，减少越冬期间蜂蜜饲料消耗，延长蜜蜂寿命，保存蜜蜂实力，为翌年强群春季繁殖及采集春季蜜源奠定基础。如果把蜂群运到南方温暖的地方繁殖蜜蜂，则不需要这样合并蜂群。

（6）架高蜂箱，不包装，自然越冬

在冬季不是特别寒冷的地区，强壮的蜂群越冬，不包装、不保温，而且在越冬蜂群调整时，依然把蜂箱放置在架子上，把蜂箱架起来。这样做的目的是让蜂群更冷，更容易通风散热除湿，减少蜜蜂冬季活动，减少空飞，降低蜜蜂死亡率，减少蜜蜂饲料消耗。同时，还能避免雨雪淹没蜂箱巢门出口，避免雨雪水浸湿蜂箱，保持蜂箱干燥，还能减少蜜蜂天敌病虫害对蜜蜂的侵扰。

只要蜂群群势强壮，饲料充足，一般的低温蜜蜂不会被冻死。只有饿死的蜂群，没有冻死的蜂群。塔兰·诺夫（1961）曾试验，把群势比较强的蜜蜂及充足的蜂蜜饲料，装入不加任何保温物的铁纱笼中，蜜蜂能够安全度过－40℃的寒冬。也就是说，只要蜂群有足够大的群势，有足够多的蜂蜜饲料，都不需要保温。我们在北京深山区的个别蜂场，整个冬季不保温，蜜蜂也能够安全越冬。冬天风大，要选择背风干燥的地方摆放蜂箱，要把蜂箱箱体及箱盖固定好，以免狂风吹翻箱盖和蜂箱（图2-14）。

图2-14 强群多箱体越冬，架高蜂箱，不包装，冬天自然越冬

（刘富海 摄）

（7）春季不保温，不奖励饲喂，不提前春繁

强群多箱体越冬的蜂群，由于留给蜜蜂的饲料非常充足，不用担心蜂群缺饲料，春季也不用给蜂群奖励饲喂，不用提前春季繁殖，让蜜蜂顺应天时自己发展。这样做，蜜蜂不会因为在早春提前繁殖耗尽生命，也不会因为给

蜂群奖励饲喂受到干扰。对蜜蜂的人为干扰减少了，蜜蜂在春季里的存活时间会大大延长，蜂群没有"春衰"，能够有效利用春季蜜源。同时，还减少了人工给蜜蜂饲喂的白糖饲料、代用花粉、抗生素等对蜜蜂的伤害及对蜜蜂产品的污染。

待到春天到来，气温回升，在当地第 1 个蜜源开花吐粉之前，打开蜂箱，调整蜂群，开始蜂群春季繁殖。如果是活底蜂箱，直接去掉最下面一层空箱套，4 层越冬的蜂群变成 3 层，3 层越冬的蜂群变成 2 层，调整蜜脾、粉脾、空脾位置，抽出多余巢脾，彻底治一次蜂螨。

春季蜂群开始繁殖时，要把蜂群内少量已经产子的巢脾全部提出，集中用硫黄熏杀巢脾，去除巢脾上的幼虫及封盖子，清洗后备用。提出子脾时，对已无子脾的蜂群进行一次彻底治螨，然后开始正式春季繁殖。如果越冬期间扣了蜂王的蜂群，放出蜂王之前，给蜂群进行一次彻底治螨，然后再放出蜂王开始繁殖。

如果群势比较强，有较多的蜂王，也可以将蜂群拆分调整为 8 框蜂左右群势进行春季繁殖。蜂群繁殖一段时间后，待蜂群再次超过 8 框蜂以上群势时，用同样的方法再次分别从几个蜂群中提出多出的蜂脾，组建成新的 8 框蜂繁殖群，以此循环，继续繁殖蜜蜂，增加蜂群数量。这样做是因为 8 框蜂群势繁殖蜜蜂具有以下优点：

蜂群调节温度的能力与蜜蜂的数量呈正相关。8 框以下的群势，蜜蜂数量越少，它们为了维持巢内育子必需的温度所消耗的能量和饲料就越多，身体损耗程度就越大，蜜蜂寿命缩短，蜂群繁殖速度缓慢。

蜜蜂数量达到 8 框蜂以上时，在整个活动季节，即使外界气温变化幅度很大，也能够把子脾温度维持在 34～35℃，能够确保蜂巢内卵、幼虫、蛹的生长发育，培育出的新蜂质量好。低于 8 框蜂的蜂群，不能有效调节维持子脾所需温度，饲料消耗多，蜜蜂衰老快，易出现"春衰"。

8 框蜂以下的蜂群，蜂王产卵力不能充分发挥，蜂群发展缓慢。蜜蜂数量达到 8 框蜂以上的蜂群，培育蜜蜂量与饲料消耗相对平衡，能有效发挥蜜蜂的培育力及蜂王的产卵力，同时节省饲料。

8 框蜂以上的蜂群，由于蜂王产卵力得到发挥，蜂群培育出的蜜蜂数量多，工蜂劳动强度没有过度加大，寿命没有过多缩短，蜂群没有"春衰"现象，蜂群发展比较迅速。

8 框蜂以上的蜂群，采集能力相对较强，能采进较多的新鲜花粉和花蜜，酿造出较多的蜂粮和蜂蜜，蜜蜂的营养好，体质健壮，培育出的新蜂体质好，寿命长，采集力强，蜂群发展潜力大。不需要给蜂群保温，节省保温物，省工省力，减少开支。巢脾多，空间大，不需要经常开箱检查、调脾、饲喂，对蜜蜂干扰小，养蜂人员相对轻松。

"弱群繁蜂，强群采蜜"，提高繁蜂效率及采蜜效率。繁蜂与采蜜相对较佳群势就是：8 框蜂左右繁蜂，16 框蜂以上采蜜。

（8）强群多箱体防止分蜂

①分蜂的原因。蜜蜂是社会性昆虫，属于群体生活。蜂群分蜂，是蜜蜂在漫长的进化过程中，为求生存和发展所形成的蜂群繁殖新群体的一种方法，它不同于蜂群内个体的繁殖。蜜蜂通过分蜂、分群，形成更多新的蜂群群体，确保了蜜蜂的繁衍和发展。在中国的大部分地区，每年 4—6 月是蜂群分蜂的高发季节。蜂群在这个季节分蜂，可以使新分的蜂群及原群都能够繁殖壮大，并能在夏季和秋季采集储存足够的蜂蜜，以支持蜂群度过寒冷的冬季。

促成蜂群分蜂的因素有很多，主要有以下几个方面：

一是季节性变化。冬季过后，大地回暖，春天百花盛开，外界蜜源充足，蜜蜂能采集大量的花蜜和花粉，蜂王产卵积极，新蜂大量出房，蜜蜂数量持续增多，蜂群发展到一定群势后就开始准备分蜂。

二是蜂群拥挤、蜂巢闷热。蜂群生存的空间大小有限，蜂群发展到一定程度后，蜂巢内蜜蜂开始拥挤，蜂巢内温度过高、闷热，蜜蜂就本能地通过分蜂、分群来改变不适的环境。

三是蜂群内蜂蜜及花粉储存过多，巢房不足，使蜂王产卵及蜜蜂储蜜都受到限制，促使蜂群产生分蜂情绪。

四是蜜蜂数量过多，蜂王信息素对工蜂的影响力减小，导致工蜂开始建造王台，培育新的蜂王，出现蜂群分蜂。

五是两箱体蜂群添加了隔王板，蜂王被限制在巢箱中，一方面，导致巢箱内拥挤，发生分蜂；另一方面，继箱成为无王区，在继箱中有人为调入的适龄卵虫，蜜蜂会改造出王台，导致蜂群分蜂。

六是蜂王衰老。蜂王衰老虽然不是导致蜂群分蜂的唯一原因，但蜂王衰老后更容易分蜂。

七是遗传。分蜂是蜂群遗传下来的保持种群繁衍生息的本性。但在同样条件下，不同蜂种及不同蜂群遗传下来的分蜂习性是明显不同的，一些蜂种及一些蜂群比其他蜂种及蜂群更容易分蜂。

②防止分蜂的措施。为了减少蜂群分蜂造成的损失，我们也只能顺应蜜蜂，尽量推迟分蜂。

一是我们要有心理准备，保持良好心态，我们要理解蜜蜂，分蜂是蜂群强盛的表现，是蜜蜂生存发展的需要，我们应该为蜜蜂的壮大和发展感到高兴，我们要感恩蜜蜂为我们的付出。

二是蜜蜂分蜂时，一般会在蜂场附近结团停留 2～3 小时。这时，我们可以把分蜂团收回来，成为新的蜂群，让蜜蜂继续为我们采蜜。

三是留守的蜜蜂，我们为它们提供相应的条件，帮它们扩大蜂巢，让留守的蜜蜂继续壮大、采花酿蜜。

四是去掉隔王板，让蜂群上下成为一个整体。工蜂上下道路畅通，蜜蜂很容易把采回的花蜜装卸在蜂箱内的周边部位及蜂箱的上部，储蜜空间及蜂王产卵空间相对扩大，分蜂显著推迟，利于蜂群壮大发展。

五是及时加继箱扩大蜂巢。流蜜期，蜜蜂的采集量很大，及时给蜂群添加继箱，扩大蜂巢，让蜜蜂一直有地方装蜜，有地方装花粉，蜂王一直有地方产卵。这样做，能够有效推迟分蜂，群势发展快，蜂蜜产量高。

六是温度高、湿度大的大流蜜期，大开巢门，降低巢温和湿度。同时，在第 3 个继箱的下边缘开一个上巢门，方便蜜蜂进出，能有效促进蜂巢内空气流通，降低蜂巢内温度和湿度，在一定程度上可以推迟分蜂。

七是适时更换蜂王。老弱伤残蜂王产卵力不够，蜂王信息素分泌量不足，易分蜂。新培育的蜂王，精力旺盛，信息素充足，产卵力强，不易发生分蜂。根据当地情况，可以选育能维持大群的蜜蜂品种及蜂群育王，一年换一次蜂王，也可以一年换两次蜂王。除了自己育王换王之外，也可以在蜂群分蜂之前，购入一批新的蜂王，把所有采蜜群的蜂王换成新蜂王，可以有效推迟分蜂。

八是蜂群太壮，储蜜太多时，可以适时撤除一部分储蜜继箱，给蜂群添加 1 个、2 个，甚至 3 个装满空巢脾或部分巢础的继箱，调动蜜蜂采蜜积极性，推迟蜂群分蜂热产生。

九是如果某一群蜂出勤率很低，门口挂上了"蜂胡子"，很有可能是要分蜂了。此时，可以打开蜂群，查看是否有即将出房的王台。如果蜂群中有即将出房的王台，可以把有好王台的巢脾及 1 张老子脾、1 张蜜脾提出，组成一个新的交尾群，培育新蜂王备用。同时，把原群其他王台全部除掉，把老蜂王提走或除掉，换入新的产卵蜂王，并根据情况加入空脾继箱，扩大蜂巢，这样可以有效解除分蜂。

十是在组织采蜜强群时，如果是购买蜜蜂组建强群，最好购买有新蜂王的蜂群或笼蜂，在流蜜期之前，直接把所有采蜜蜂群组织成 25 框蜂左右的强群，采用新王、多箱体、无隔王板的方法突击采蜜，蜂群在整个流蜜期不会发生分蜂（图 2-15）。

十一是组建强群多箱体的蜂群，最好选用没有生产蜂王浆的不易分蜂的"蜜王"群组建。如果是正在生产蜂王浆的"浆王"蜂群，因为突然停止生产蜂王浆，组建的强群多箱体内会产生很多改造王台和自然王台，在组建的初

图 2-15　单王、新王、多箱体，不要隔王板，蜂群不容易分蜂
（罗婷　摄）

期，需要每周去除 1 次王台，防止分蜂。

　　为了方便检查蜂群，可以在组建多箱体时，把卵虫脾、适量空脾及蜂王用隔王板限制在巢箱中，全封盖子脾、蜜脾、粉脾、适量空脾放到隔王板之上继箱中，隔王板之上的继箱开上巢门，方便蜜蜂出入，让蜜蜂在继箱内无虫卵改造王台，1 周后重点检查巢箱，除去王台，避免分蜂。蜂群中不出现王台后，撤除隔王板，恢复蜂王及蜜蜂自由。

2. 购买笼蜂，直接扶壮蜂群

　　除了自己把蜂群慢慢养强养壮外，还可以购买笼蜂，把蜂群直接扶强扶壮。购买笼蜂扶壮蜂群，可以节省春季繁殖蜜蜂的时间，能够在短时间内组织群势都一样的标准化强群，进行春季蜜源突击采集。也可以通过购买笼蜂组织群势都一样的标准化强群，突击采集夏季、秋季及冬季大宗蜜源。

　　特别是想减少蜂群秋季至春季的蜂蜜饲料消耗，想最大限度增加商品蜂蜜的产量，获得更多养蜂效益，可以在秋季主要流蜜期结束后，将蜜蜂卖给繁殖蜜蜂的人，或卖给其他地方继续强群采蜜的人，或卖给蔬菜大棚需要蜜蜂授粉的人等。

　　如果没有人买蜂，或者自己不想把蜂卖掉，又不想秋季繁殖更多蜜蜂，可以在秋季主要流蜜期结束以后，根据当地零星蜜源情况，把蜂群两群、三群合并成一群，再次组建成每群 16 框蜂以上的蜂群，继续采集秋季的零星蜜源，进一步挖掘这些蜜蜂的采蜜潜力。只要蜂群强壮，蜜蜂就能够很好地采集零星蜜源，蜂群采入并酿造的蜂蜜，可以完全满足蜂群秋季繁殖及越冬需要，不需要额外花钱投入。

　　冬季越冬前，再次调整蜂群，留足越冬饲料，取出多余空脾和蜜脾，采用 16 框蜂左右强群多箱体越冬。这样既节省了越冬饲料，提高了商品蜂蜜产量，又能保存蜜蜂实力，待气温回升，春暖花开，直接采集春季蜜源。繁殖蜂群的蜂场，也可以在越冬后适时拆分蜂群，进行春季繁殖，增加蜂群数量。

春天百花盛开，如果要组织强群采蜜，也可以买入一部分带有新蜂王的笼蜂，用笼蜂把自己原有的蜂群直接扶壮成群势基本一样的、25 框蜂左右的标准化强群，直接投入春季采蜜。不管是春季、夏季、秋季、冬季，只要当地有大宗蜜源，都可以利用笼蜂在大流蜜到来之前迅速使蜂群强壮，标准化、规模化、机械化、数字化管理，直接突击采花酿蜜。

1 千克蜜蜂大约 4 框蜂，2 千克重的笼蜂差不多有 8 框蜂，可以根据自己需要，购买有蜂王的笼蜂或无蜂王的笼蜂。购买笼蜂时，要提前做好计划，提前与出售笼蜂的蜂场主签订合同（图 2-16）。

图 2-16　笼蜂
（刘然　摄）

笼蜂买回来之后要尽快过箱，如果暂时没有做好过箱准备，需要把笼蜂安置在凉爽、黑暗、通风处。每天用 1∶1 的白糖水或是蜂蜜水喷洒笼蜂 2 次。笼蜂过箱最好在傍晚进行，这时可以减少蜜蜂乱飞或迷路的情况。为了防止蜜蜂四处乱飞，过箱前可以用糖水或蜂蜜水轻轻喷洒笼蜂蜂体表面，减少蜜蜂飞行。过箱时，用起刮刀撬开笼蜂箱盖，磕一下笼蜂蜂箱，让蜜蜂都集中到笼子下方。拆下饲料罐。同时抓住王笼的拉环，取出王笼。检查蜂王健康情况，如果蜂王死了或受伤了，把王笼放回笼蜂蜂箱里，把笼蜂存放在凉爽黑暗的地方，尽快联系卖家。如果蜂王健康，把王笼装满炼糖的一端的木塞拔出，将王笼悬挂在顶层继箱最中间的巢脾上。然后将笼蜂中的蜜蜂抖到挂王笼的蜂箱中，盖上蜂箱盖。把笼蜂的笼子放在巢门口，让笼子里剩余的少量蜜蜂慢慢爬回蜂箱。

由于笼蜂不带蜂蜜和花粉，过箱的蜂群要有充足的蜂蜜饲料，以免蜜蜂受饿死亡。接下来的几天，蜜蜂会在巢门口认巢试飞，逐步安静下来。看到有携带花粉归巢的采集蜂，这说明过箱已经成功。过箱后，蜜蜂会将王笼的炼糖逐渐咬开，蜂王会自己爬出王笼。打开蜂箱检查蜂群时，把空王笼取出蜂箱。如果蜂王还没有爬出王笼，检查蜂王是否活着，如果活着，将王笼另一端木塞拔出，放出蜂王，关闭蜂箱，几天后再检查一次（图 2-17 至图 2-19）。

图 2-17　笼蜂过箱　　　　　　图 2-18　春季笼蜂扶壮蜂群
（刘然　摄）　　　　　　　　　（刘然　摄）

图 2-19　笼蜂箱中的王笼及蜂王
（罗婷　摄）

3. 购买蜂群组织强群或扶壮自己的蜂群

　　如果在秋季已经把蜜蜂全部卖掉，或越冬后的蜂群数量不够，群势不够强壮，可以在当地大宗蜜源开花流蜜之前，直接购买蜂群，组成强群进行采蜜。

　　中国的南北方气候差异很大，北方在下雪，南方可能在开花流蜜。如果蜜蜂养殖规模比较大，可以自己组建养蜂公司、合作社、联合体等，直接在南方合适的地方，建立自己的蜂群专业繁殖场，在南方有多种蜜粉源植物交替开花的地方专门繁殖蜜蜂。繁殖蜜蜂的蜂场专门繁殖蜜蜂，采集蜜的蜂场集中精力突击采蜜。哪里有大宗蜜源，就把蜜蜂运到那里，全部组织成25

框蜂标准化强群，突击采花酿蜜。没有蜜源可采时，蜂群合并就地越冬，或把蜜蜂卖给蔬菜大棚授粉，或者把蜜蜂运回南方的繁殖蜂场，继续繁殖蜜蜂。

公司、合作社、联合体对蜜蜂繁殖场、蜂王育王场、成熟蜂蜜采集场、蜂产品加工厂、蜂机具厂、物流运输、市场营销等进行统筹协调管理。统筹繁殖蜜蜂、供应蜂王、安排蜜源场地、调拨蜂群、强群取蜜，进行市场营销、利益分配。大家分工协作，发挥各自优势，有计划有目的地组织强群夺蜜，确保蜂蜜丰收。这是实现养蜂规模化、标准化、数字化、机械化，夺取蜂蜜高产的好方法，也是获得公司、合作社、联合体利益最大化的好方法（图2-20）。

图2-20 调整蜂群，组织标准化采蜜强群，夺取蜂蜜丰收
（刘富海 摄）

如果自己没有实力进行蜜蜂的繁殖、采蜜等统筹安排，可以直接买别人的蜂群扶壮自己的蜂群，组织强群多箱体突击采蜜。现在全国有很多专门繁殖蜜蜂、出售蜂群的蜂场，养蜂人可以提前做好计划，事先与出售蜂群的蜂场主签订合同，按合同约定的时间、地点、蜂群数量、运输方式等，适时把蜂群运到指定地点，组织强群夺取蜂蜜丰收。

繁蜂、卖蜂，买蜂、采蜜，这种分工合作的方法，与自己拉着一车蜜蜂，从南到北追花夺蜜，看似一样，实际效果大不相同。

夫妻两人养100多群蜜蜂，冬季把蜂群拉到南方繁殖蜜蜂，蜂群从弱到强，慢慢繁殖，在3月油菜花、荔枝花花期结束时把蜂群繁殖到12框蜂左右，拉着12框蜂群势的蜂群，从南到北追花夺蜜。由于人单力薄，路途困难重重。蜂群的群势一直都比较弱，都不是采蜜强群，即使赶上好蜜源也采不到多少蜂蜜，一年到头收入平平，运气不好时很可能亏本。单打独斗，不如形成一个养蜂公司、合作社、联合体，大家分工协作，统筹安排，减少风险，提高整体效益。

在风调雨顺、蜜源丰富、四季温暖的地方，一群蜜蜂一年可以繁殖出5群、8群、10群蜜蜂。繁殖蜜蜂，出售蜂群，够一定规模时，一年繁殖蜂群的收入十分可观。购买蜂群，组成单王25框蜂标准化强群，一群蜂一天可采集酿造7千克以上蜂蜜。一年四季，如果能够累计采集1个月蜂蜜，一个

组织标准化
采蜜强群

25 框蜂强群可以采集酿造成熟蜂蜜 200 千克以上，除去蜜蜂饲料消耗，最少可生产 150 千克商品蜜。把这些优质成熟蜂蜜，通过联合体、公司、合作社直销零售出去，产生的经济效益非常可观。

4. 组建"品"字形多箱体蜂群

为了发挥双王繁殖的优势，便于转地养蜂，追花夺蜜，可以将两群蜜蜂组成"品"字形多箱体蜂群进行生产管理。

组建"品"字形多箱体蜂群时，把两群 16 框蜂左右的两箱体继箱蜂群，并列放到一起，箱底垫平，蜂箱贴紧，两组蜂箱之上中间加一隔王板，在隔王板之上加储蜜继箱。隔王板之上的储蜜继箱的下边缘开 1 个巢门，方便储蜜继箱中的蜜蜂出入。隔王板两边漏出的两侧，用大小合适的蜂箱盖盖上，组成"品"字形多箱体蜂群（图 2-21）。

这种组织强群的方法，定地蜂场、转地蜂场都能用。特别是转地蜂场，在蜜源结束后，需要蜂场转地时，转地前 2 天，在储蜜继箱下面放上一两个带空巢脾的空继箱，空继箱上面放一个脱蜂板，脱蜂 24 小时后，撤掉上面的储蜜继箱。在转地运输之前，调整蜂群，固定好巢脾和蜂箱，打开所有通风窗，装车起运，将蜂群转运到新的蜜源场地。达到新的蜜源场地后，可以根据情况，再次组建成"品"字形多箱体蜂群，继续强群采蜜。

图 2-21 "品"字形多箱体蜂群
（刘富海 摄）

"品"字形多箱体采蜜蜂群，比传统"主副群"以弱群扶壮主群及一个蜂箱两个蜂王的"双王群"繁殖方法管理更方便，蜂王有充足空间自由产卵，蜜蜂有充足空间储蜜，不用经常调脾，蜂群强壮，不易分蜂。这种饲养方法不仅方便生产成熟蜂蜜，而且还方便生产蜂王浆、雄蜂蛹，也方便通过生产雄蜂蛹减少蜂群的螨害，更方便蜂群拆分、转地运输、追花夺蜜。因为隔王板会影响蜜蜂上下通行，降低采蜜效率，所以也可以不加隔王板组成"品"字形多箱体采蜜蜂群。

"品"字形
多箱体蜂群

两个 16 框蜂左右蜂群，各自先加一个浅继箱，待浅继箱巢脾装满 70% 左右蜂蜜后，不加隔王板，在两组蜂群浅继箱之上公共部位，再加继箱组建成"品"字形多箱体蜂群。以后继续添加继箱时，都在两组蜂群两个浅继箱之上的公共部位添加，便于蜜蜂储蜜。在公共部位开一个上巢门，便于上部箱体中蜜蜂出入（图 2-22）。

两蜂群之上的储蜜浅继箱的蜜区，就像天然隔王板一样，有阻挡蜂王到上面箱体产卵的作用，两边的蜂王很难见面。这种方法比有隔王板的更有利于蜜蜂上下通行采花酿蜜。

蜜源结束后，提前 2 天加脱蜂板脱去储蜜继箱中的蜜蜂，撤除储蜜继箱，调整蜂群，可以继续就地繁蜂采蜜，也可以把蜂群运到下一个蜜源场地继续追花夺蜜。

图 2-22　无隔王板"品"字形
多箱体生产蜂蜜

5. 3 个蜂王联合组建采蜜强群

如果蜂场有交尾箱，可以利用交尾箱用"3 只蜂王繁殖"组建强群多箱体采蜜群。可以将每个交尾箱都放满蜜蜂，每箱有 1 只新培育的产卵蜂王或 3 只都是"老蜂王"。将放满蜜蜂的 3 个交尾群并排放到一起，在交尾群之上并列放 2 个隔王板，隔王板之上加一层放满空巢脾或蜜脾的浅继箱，浅继箱各开一个巢门，方便蜜蜂出入。随着 3 只蜂王产卵繁殖，蜂群群势逐步壮大，根据蜂群的蜜蜂数量及外界流蜜情况，逐步添加继箱，扩大蜂巢。这样组织采蜜群，可以做到多王繁殖、培育蜂王、储存蜂王、繁殖蜜蜂、采集蜂蜜、生产蜂王浆、生产雄蜂蛹等同时兼顾，充分发挥蜜蜂及蜂王的作用，生产更多的蜜蜂产品。如果没有浅继箱，蜜蜂数量也比较多，想提高蜂王浆生产效率，可以添加标准继箱，按常规蜂王浆生产方法生产蜂王浆。在外界气温适合的季节，外界有大宗蜜源时，为了减少隔王板对蜜蜂的影响，除了开上巢门之外，也可以在中间的交尾箱放满无卵无幼虫巢脾，不放蜂王，对应中间交尾箱的隔王板，切除相应部位的格栅，打开中间交尾箱的巢门，使蜜蜂出入畅通，利于蜜蜂外出采集（图 2-23、图 2-24）。

图 2-23　3 个蜂王交尾群与浅继箱
组建的采蜜群
（刘富海　摄）

图 2-24　3 个交尾群与标准继箱
组建的采蜜群
（刘富海　摄）

三、多箱体养蜂管理要点

多箱体养蜂，除了要使蜂群强壮、采用多箱体养蜂之外，还要注意以下几点：

1. 尽量组织群势基本一样的标准化蜂群

多箱体蜂群，蜂箱的层数多，储蜜继箱比较重，日常蜂群管理没有两箱体的管理方便。为了提高多箱体蜂群管理效率，减少养蜂人员的劳动量，在组织强群多箱体时，尽量组织成蜂群群势基本一致、蜂王年龄及品种一致、蜂箱结构一致、蜂箱层数一致、蜂箱底托板等一致的标准化蜂场，进行蜂群标准化管理。

由于都是新蜂王，都无隔王板，都是强群、多箱体，蜂群不易分蜂，除了及时添加继箱扩大蜂巢之外，平时不调巢脾，不检查蜜蜂，不取蜂蜜，尽量不转地，简单化管理即可。也可以给蜂场的其中几个多箱体蜂群安装监控器，监控蜂群的温度、湿度、重量、出勤率等，监控器能够自动把相关信息传送到手机上，通过手机收到的相关信息了解蜂群的基本情况，通过几个代表性蜂群的基本情况，分析推测整个蜂场蜂群的大体情况，特别是了解蜂群进蜜情况，决定是否给蜂群统一添加储蜜继箱，或做相应的其他蜂群管理（图 2-25）。

给蜂群安装
监控器

图 2-25　使蜂场蜂群标准化，部分蜂群加装
监控器，便于蜂场蜂群管理

（刘富海　摄）

2. 使用新蜂王，消除蜂群分蜂

多箱体蜂群，蜜蜂数量多，蜂箱箱体比较高，每层蜂箱都比较重，从这样的蜂群中寻找老蜂王、更换新蜂王比较困难。为了便于蜂群管理，便于更换蜂群的蜂王，最好的方法是在组织多箱体蜂群时，统一都用新蜂王，以后几个月的采蜜期，不用再管蜂王，蜂群不易分蜂。

如果在组建多箱体蜂群时，没有新蜂王，只能在流蜜期更换蜂王时，可以不寻找老蜂王，在多箱体顶层箱体放入一个新的产卵蜂王，让新老蜂王自然交替。

3. 给蜂王足够的产卵空间

为了保持蜂群群势，为了蜂群不分蜂，多箱体养蜂时，蜂王的产卵空间一定要充足，尽量采用1个蜂王3个标准箱体供蜂王产卵，不用隔王板，让蜂王随意产卵繁殖。一个优良的蜂王，3天左右即可产满一张巢脾，一个21天产卵周期，一个蜂王能产7～8张巢脾。但在实际生产中，7～8张巢脾不够蜂王产卵用。因为，外面有蜜粉时，蜜蜂会把采集回来的花粉和花蜜卸在下面巢箱的巢房里，使蜂王没有地方产卵，限制了蜂王产卵空间，影响蜂群群势发展。尤其是巢箱上加一个隔王板，把蜂王限制在巢箱繁殖时，更容易出现粉压子圈、蜜压子圈的现象，严重影响蜂群群势发展，还很容易分蜂。

多箱体，去掉隔王板，让蜜蜂有更多地方装花粉、装花蜜，蜂王有更多空间自由产卵。没有隔王板的蜂群，蜂王喜欢在第2、第3个继箱中产卵，底层巢箱中花粉相对较多。由于大流蜜期，蜜蜂需要更多的巢房存储花粉和临时储存花蜜，如果蜂群内巢房不够就会降低采集效率和蜂王产卵效率。而且，蜂王一般在蜂群的中部、下部产卵繁殖，子圈外面是储粉区、储蜜区。子区外边储存的蜂粮及蜂蜜，不仅哺育蜂取食方便，而且对子区还有调温和保护作用。

因此，满足一个蜂王产卵，最好有12～18个巢脾，也就是用下面3个箱体24张巢脾供蜜蜂储存花粉、花蜜及蜂王产卵，这样能充分发挥蜜蜂的采集能力及蜂王的产卵能力，维持蜂群强壮群势，而且不易分蜂。

4. 及时加继箱扩大储蜜空间

多箱体养蜂，因为蜂群群势比较强壮、蜜蜂多、进蜜快，所以要及时给蜂群添加继箱，确保蜂群有足够的储蜜空间及产卵空间。

强壮蜂群加继箱与传统养蜂加继箱不同。传统养蜂，讲究的是"蜂脾相称"或者是"蜂多于脾"，扩大蜂巢以"巢脾"为单位，给蜂群加脾减脾。而强壮的蜂群蜜蜂多，蜂群有很强的调节巢内温湿度的能力，扩大蜂巢以"箱体"为单位，可以一次性添加一两个装满空巢脾的浅继箱或标准继箱。

如果人手少，工作比较忙，不能保证及时到蜂场添加继箱。为确保蜂群一直都有足够的储蜜空间，也可以在顶层再多添加一个装满空巢脾的继箱。也就是说，一次可以给蜂群添加两三个装有空巢脾的继箱。在顶层添加继箱时，继箱中只能装造好的空巢脾，不能装巢础，因为顶部蜂数不足，蜜蜂不造脾起不到作用。

经过对比，同样强壮的蜂群，在大流蜜期，一次添加两三个有空巢脾的继箱，比添加一个有空巢脾的继箱，更能刺激蜜蜂采蜜的积极性。由于蜂群储蜜空间扩大，蜜蜂会更积极地采集花蜜，这种采蜜积极性一直到蜂巢装满90%以上蜂蜜时才会减速。因此，大流蜜期，一次添加两三个继箱，比只添加一个继箱能生产更多的蜂蜜。在蜂群分蜂之前多添加继箱，还可以有效消除蜂群分蜂情绪。

加第1个浅继箱时，直接加到育子箱上面即可（图2-26A），这个位置浅继箱可以全部都是造好的巢脾，也可以全部都是巢础，也可以空脾和巢础间隔混放，蜜蜂会很快造脾。当继箱1储存70%左右蜂蜜时，在继箱1之上加继箱2和继箱3（图2-26B）。

由于刚开始继箱数量少，蜜蜂相对密集，把继箱2加在继箱1之下或之上，对蜂蜜产量没有影响。为了便于管理，直接把继箱2和继箱3加在继箱1之上即可。而且，装满蜂蜜的继箱1，就像一个天然的"隔王板"一样，能阻止蜂王越过蜜区到上面继箱中产卵。当顶部继箱3储存20％左右蜂蜜时，把继箱3调到继箱1上面的位置，在蜂群顶层部加继箱4（图2-26 C）。当顶部继箱4又储存20％左右蜂蜜时，把继箱4调到继箱1上面的位置，在蜂群顶部加继箱5（图2-26 D）。

为了避免蜂箱摞得太高，操作不太方便，在顶部添加继箱7时，可以撤除装满封盖蜜脾的继箱2和继箱3（图2-26 F）。以此类推。也可以在蜜源结束以后一次性脱蜂撤继箱取蜜。

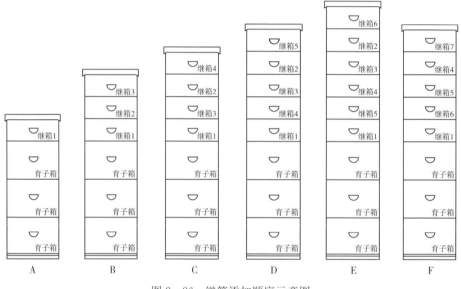

图2-26　继箱添加顺序示意图

（罗婷　绘）

多长时间加一次继箱，要根据天气、蜜源植物的泌蜜量和蜂群进蜜情况决定。由于组建采蜜强群时，蜂群群势基本调成一致，都是25框蜂左右，每群进蜜情况差不多。要了解蜂群进了多少蜜，可以借助磅秤、弹簧秤、重力感应监控器等，对其中一部分蜂群抽查称重，掌握大概情况。一般来说，一个浅继箱装满蜂蜜时的毛重约20千克，标准继箱装满蜜时的毛重约35千克，继箱装蜜70％～80％就要添加新继箱，如果一次加的是两层浅继箱，蜂箱增重30千克左右就要添加新继箱。如果加的是一个标准继箱，蜂群增重26千克左右就要添加新继箱。

多箱体蜂箱比较高，装满蜂蜜的继箱也比较重，如果靠人力每次逐层把储蜜继箱搬下搬上，会非常费工费力。为了便于添加继箱，可以利用吊机把继箱提升起来，在相应位置加上继箱即可（图2-27）。

利用电动小吊机
给蜂群加继箱

利用龙门架
给蜂群加继箱

图 2 - 27　利用吊机协助添加继箱，管理蜂群
（刘富海　摄）

也可以不称重，直接打开蜂箱抽查几群内部储蜜情况，或者查看顶部新加的空脾继箱存蜜情况，根据顶部继箱存蜜情况添加继箱。

5. 尽量采用浅继箱

繁殖区之上的储蜜继箱，可以使用标准继箱，也可以使用浅继箱，最好使用浅继箱。因为标准继箱装满蜂蜜后，其重量在 35 千克左右，人力搬动非常费劲，给蜂群管理带来麻烦。而浅继箱装满蜂蜜后只有 20 千克左右，相对容易搬。浅继箱巢脾小，上蜜比较快，封盖也比较快，而且在脱蜂取蜜的时候，如果使用吹风机脱蜂，浅继箱中的蜜蜂更容易被风吹去。如果蜂场机械化程度高，不怕搬动蜂箱，使用标准继箱储蜜也可以（图 2 - 28）。

图 2 - 28　多箱体，浅继箱，操作方便
（刘然　摄）

6. 流蜜期不取蜜，让蜜蜂集中精力采花酿蜜

流蜜期取蜜，对蜜蜂生活、采蜜、酿蜜都会产生影响，而且经常取蜜，养蜂人也会很辛苦，蜂蜜的品质也不好。

流蜜期，采用多箱体养蜂，及时给蜂群添加继箱，扩大蜂巢，一直都有地方让蜜蜂储蜜酿蜜，不需要经常取蜜给蜜蜂腾出储蜜空间。蜜蜂生活没有被干扰，其就能够集中精力采花酿蜜，蜂群群势不会明显下降，蜂蜜产量比"勤取蜜，取稀蜜"更高，蜂蜜的品质比稀蜜更好。而且，由于蜂群中有蜜不取，蜂群内一直有足够的蜂蜜，蜜蜂不会因为遇到刮风下雨，或连阴雨天，因缺饲料而忍饥挨饿。

平时不取蜜，养蜂工作会轻松很多，增加了养蜂的乐趣。等到蜂群顶部继箱蜜脾封盖95%以上，或等到大流蜜期即将结束需要转地之前，或等到秋季主要蜜源开花结束之前，统一将装满蜜脾的继箱从蜂群上取下来，集中放入干燥室内，统一处理和取蜜（图2-29）。

图2-29　流蜜期不取蜜，及时加继箱扩大蜂巢，让蜜蜂集中精力采花酿蜜

（彭文君　摄）

7. 单王多箱体不用隔王板

单王蜂群，不管是繁殖期还是流蜜期，都不要使用隔王板。隔王板会影响蜂王产卵，影响蜂群繁殖，也影响工蜂上下通行，影响蜜蜂采花酿蜜。

经过观察，在大流蜜期，有隔王板的蜂群，隔王板下面的育虫箱巢房内会被蜜蜂存放大量花蜜，只要是空的巢房都有可能被蜜蜂存上花蜜或者是花粉，严重影响了蜂王产卵，会使蜂群群势下降，还容易造成分蜂。

流蜜期不取蜜
让蜜蜂集中
精力采蜜

不加隔王板的蜂群，蜂箱上下是一个整体，蜜蜂在蜂巢上部巢房及周边巢房储存蜂蜜，在繁殖区与储蜜区之间的巢房中储存花粉，蜂王在蜂巢的中下部巢脾上产卵繁殖。

多箱体蜂群，上面继箱巢脾是储蜜区，下面两层、三层箱体中间巢房是产卵繁殖区，繁殖区外侧的巢房储存花粉及一部分蜂蜜，形成四周及上面巢脾是

蜂蜜、中下部巢脾巢房是卵虫蛹的似半球形繁殖区（图 2 - 30）。

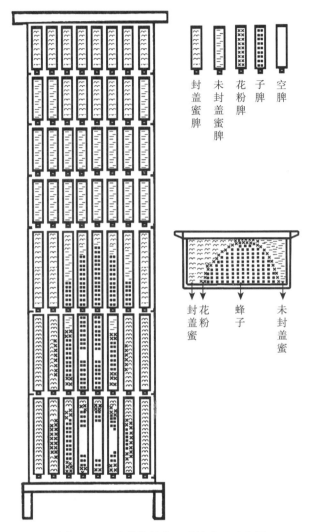

封盖蜜脾　未封盖蜜脾　花粉脾　子脾　空脾

封盖蜜　花粉蜜　蜂子　未封盖蜜

图 2 - 30　多箱体储蜜区及繁殖区示意图

（罗婷　绘）

由于没有隔王板限制，采集蜂回巢后，一般不会把花蜜卸在下面的繁殖区巢房内，而是直接到蜂箱周边及上面部位区域卸蜜，蜂蜜主要集中在蜂巢上面部位，形成一个完整的蜂巢。由于蜂群中储蜜空间、储粉空间、产卵空间充足，蜂王一天的产卵量可以达到 1 800 粒以上，群势可以达到 25 框蜂左右，蜜蜂采集积极性高，不容易分蜂，群势不易下降，蜂蜜产量高、品质好。

因为没有隔王板，在流蜜初期，日进蜜量不多时，蜂王有可能会到繁殖区上面新加的储蜜继箱中产卵，出现这种情况时不用管，随着蜂群进蜜增多，蜂王还是会被逼到储蜜圈下面的繁殖区产卵，已经被产上卵的巢房，待蜜蜂出房后又会被装上蜂蜜，形成上面是蜜下面是子的格局。或者把有蜂王有子脾的继箱，直接调整到蜂群的最下一层即可。

也就是说，采集蜂装着一肚子花蜜，不太愿意费劲穿过隔王板，更愿意把花蜜卸在隔王板下面的巢房里，很容易造成蜜压子圈，这样既影响了蜂王产卵，影响了蜂群群势，又影响了蜂群进蜜，还容易促成分蜂。

隔王板的栅格，有很多细微的毛刺，在蜜蜂通过隔王板栅格缝隙时，会损坏蜜蜂的翅膀和身体上的绒毛，对蜜蜂造成伤害。经过对比测试，蜂群加隔王板，会使子脾面积及蜂蜜产量下降40%左右。

蜂群开上巢门
方便蜜蜂出入

双王群、三王群以及生产蜂王浆的蜂群可以使用隔王板。使用隔王板时，要在隔王板之上的箱体开上巢门，以方便采集蜂自由出入，开上巢门能够减少因隔王板造成的蜂蜜产量损失。

8. 定地结合小转地养蜂

中国能定地养蜂的地方有很多，关键是蜂群够不够强壮，弱群采集蜂少，有好蜜源也采不到多少蜜，甚至不能自给自足。强群采集蜂多，有花就能采到较多的蜜。想生产足够量的蜂蜜，群势不能低于4千克左右蜜蜂，也就是不能少于16框蜂，最好是6千克以上，25框蜂左右（图2-31）。

很多养蜂人觉得，北京能采到蜜的植物就是荆条，漫山遍野都是荆条，分布很广，花期长，流蜜量大，是好蜜源。北京的洋槐树受天气影响很大，洋槐蜜产量不太稳定。很多北京养蜂人精心繁殖蜜蜂，培育采集适龄蜂，培养采蜜强群，都是围绕着采集6月的荆条蜜源进行的，其他的蜜源都没有放在心上，也没想着其他蜜源能采到多少蜜。而且，

图2-31 新王，单王，强群，多箱体，不分蜂，产量高，管理方便
（刘然 摄）

很多人认为，北京的荆条主要分布在山区，比较适合养蜜蜂，没有山的城区、郊区都不适合养蜂。其实，北京不仅是山区能养蜂，北京市区、郊区平原，绿化好的地方照样能养蜂。北京市区、郊区蜜粉源植物众多，杀虫剂少、除草剂少、浇水及时，植物生长茂盛，比在山区养蜂蜜源还丰富。

北京的蜜粉源植物不仅有荆条，还有榆树、柳树、桃树、杏树、梨树、李树、苹果树、樱桃树、海棠树、黄栌、溲疏、板栗、洋槐树、椿树、火炬树、紫穗槐、楸树、柿树、山楂树、泡桐树、栾树、女贞树、金银花、枣树、梧桐树、酸枣、珍珠梅、二月兰、苦菜花、蒲公英、六道木、椴树、吴茱萸、胡枝子、山荆芥、野菊花等。从 3 月榆树开花吐粉，一直到 8 月、9 月胡枝子、秋菊、山荆芥等流蜜，只要蜂群采集蜂数量足够多，蜂群一直都会进蜜。

北京定地养蜂，正常年景，没有农药中毒的情况下，群势弱的蜂群（10框蜂左右），一年可以采集酿造蜂蜜 25 千克左右，这个蜂蜜数量，只能够本群蜜蜂自己食用；群势壮一些的蜂群（16 框蜂左右），一年采集酿造蜂蜜 60 千克左右，除了蜜蜂自己食用外，还有部分剩余；群势强壮的蜂群（25 框蜂左右），一年可以采集蜂蜜 160 千克左右，除了蜜蜂自己食用外，还有 100 千克左右蜂蜜剩余。如果风调雨顺，蜜粉源丰富，再加上没有杀虫剂、除草剂及蜂螨危害，强壮的蜂群可以采集酿造更多蜂蜜。有不少北京养蜂人，把蜂群拉到南方春繁，全国追花采蜜，一群蜜蜂一年的蜂蜜产量也只有 100 千克左右，还不如选一个蜜源丰富的地方定地加小转地养蜂，比长途转运放蜂，省心省事，安全得多。

北京定地蜂场，大多数蜂场蜂蜜产量不高是"两箱体、喂白糖、取稀蜜、群势弱、打农药、螨害"等多种因素造成的。尤其是春天百花盛开的季节，蜂群群势太弱，采集蜂太少，蜂群采进来的蜜还不够蜜蜂自己吃。一年的大好蜜源都被"弱群"错过了。

春季蜜源抓不住，只能指望 6 月、7 月采荆条蜜。由于没有强群采蜜的意识，荆条花期的蜂群群势还是不够强，群势 16 框蜂以下，采 40 千克左右荆条蜜，觉得已经是蜂蜜大丰收，其实这些蜂蜜只能够蜜蜂自己吃。为了追求蜂蜜产量，把蜂蜜取出来，给蜜蜂喂白糖，以白糖换取蜂蜜。如果不喂白糖，养一年蜜蜂基本上没有收益。到了 8 月，又该繁殖越冬蜂了。年复一年，年年采蜜不多，年年不挣钱。年年挣的都是"蜂蜜与白糖"之间的差价。要是离开白糖，这蜜蜂真得没法养了。

不管定地养蜂还是转地养蜂，要想蜂蜜丰收，就必须蜂种好、蜂王好、蜂群壮、蜜源好、天气好，蜂箱内产卵及储蜜空间充足，流蜜期不取蜜，不干扰蜜蜂，不打农药，这是蜂蜜优质高产的基础。在百花盛开时节，想办法使单王蜂群群势达到4～6千克（16～25框蜂），双王群势达到8～12千克（32～48框蜂），一定能够蜂蜜大丰收（图2-32、图2-33）。

图2-32　蜂群经常转地，蜜蜂损失大，蜂蜜产量低，质量差，劳民伤蜂又伤财
（安传远　摄）

图2-33　新王，强群，多箱体，少转地，蜂群壮，省心省事，蜂蜜产量高，质量好
（罗婷　摄）

定地养蜂，蜂群比较稳定，可以在一段时间内维持一定的强壮群势，有利于花蜜充分酿造，生产更多的成熟蜂蜜。养蜂人也不会太辛苦，还能节省运费等开支。有条件定地养蜂时，还是尽量定地养蜂。但是，很多地方没有连续的蜜源，为了采集更多蜂蜜，可以定地结合小转地追花夺蜜。

转地养蜂，风险很多，以下事情要早做安排：

（1）转地养蜂，要事先做好相关工作计划，要事先了解当地蜜源、气候、治安、道路、喷洒农药、外来蜂场等情况，事先落实好放蜂场地，办理好相关手续，不要自己盲目转运蜜蜂。

（2）蜂群运抵蜜源场地后，是为了繁殖蜜蜂还是要采花酿蜜？是组成单王多箱体强群采蜜？还是双群并列成"品"字形多箱体强群采蜜？需要多少储蜜继箱？花期结束后要去的下一个蜜源场地是什么地方？花期结束时储蜜继箱中的蜜脾要交给谁或运到什么地方等问题，都要事先做好计划。

强群小转地养蜂

（3）蜂群转地起运前，把蜂箱固定在托盘上，打开所有蜂箱通风窗。在傍晚时装车，用喷雾器给巢门喷些烟雾，驱使巢门口蜜蜂进入巢中，减少蜜蜂乱飞。用吊机或叉车将蜂群装上汽车。装车完毕，固定好蜂箱，当晚把蜂群运送到目的地。天亮之前用吊机或叉车卸下蜂箱，将蜂群摆好即可（图2-34、图2-35）。

图2-34　利用叉车装卸多箱体蜂群（1）

（罗婷　摄）

图2-35　利用叉车装卸多箱体蜂群（2）

（罗婷　摄）

转地前喷烟驱蜂进巢

利用叉车装卸多箱体蜂群

利用吊机装卸多箱体蜂群

（4）如果路途较远，可以将强壮的蜂群拆分成 2 个群势较弱的蜂群，分群运输。也可以把空继箱圈的两面，都钉上铁纱盖，改造成临时的笼蜂蜂箱，以便于运输。

装笼蜂时，先在继箱圈的一面钉上一个铁纱盖，然后在蜂箱中固定一个封盖蜜脾，作为蜜蜂饲料。放上带盖的装蜂漏斗，漏斗可以用木板、金属、塑料、纸板等材料自己制作（图 2 - 36），用喷壶给蜜蜂稍微喷些雾水，以减少蜜蜂乱飞，然后通过漏斗把蜜蜂抖入笼蜂蜂箱中。装好蜜蜂后移开漏斗，钉上铁纱盖，组成临时笼蜂蜂箱。每 2～5 箱笼蜂用木条连成一组，箱与箱之间留一定的缝隙，以便于搬运和通风。

图 2 - 36 继箱圈两面钉上铁纱盖，改造成临时笼蜂蜂箱，用漏斗把蜂抖入蜂箱。

（罗婷 制作拍摄）

笼蜂蜂箱固定好，随蜂群运往下一个蜜源场地。到达目的地后，再用喷雾器给笼蜂蜜蜂喷些稀薄糖水，以减少蜜蜂乱飞，然后合并到相应蜂群，组成群势基本一致的强大采蜜蜂群，突击采蜜（图 2 - 37）。

图 2 - 37 用笼蜂辅助强群转地运输

（安传远 摄）

（5）饲养蜜蜂的蜂箱最好使用有铁纱网、带可抽拉托板的活蜂箱底，不仅平时管理方便，在蜂群转运时，可以关闭蜂箱巢门，抽掉活蜂箱底的托板，使蜂箱底部全面开放通风。同时拿掉蜂箱顶部的覆布，打开蜂箱大盖通风窗口及箱体所有通气窗口，使蜂箱前后及上下都能通风，就像一个大的笼蜂蜂箱一样，能够有效降低运输途中蜂箱内的温度和湿度，确保蜜蜂安全（图 2-38）。

可抽拉托盘
活蜂箱底

图 2-38 带可抽拉托板的活蜂箱底
（刘富海 摄）

（6）树立"8 框蜂繁殖，16 框蜂以上采蜜"观念。4 千克，16 框蜂以下的蜂群，采集蜂数量不够，采不到多少蜂蜜。拉着弱群转地放蜂采蜜，开支大，效益低。尽量不要用弱群追花夺蜜。蜂群弱时，选一个有花的地方好好繁殖蜜蜂，尽早把蜜蜂繁殖或调整到 16 框蜂以上，使用强壮蜂群采蜜。

（7）蜂箱摆放要注意安全，一定要躲开低洼处及河道，以免下雨水淹或山洪冲走蜂箱。不要把蜂群放在太阳照射的水泥地、石子地上，这样的地面温度很高，会严重影响蜂群繁殖和采蜜。每个蜂箱都要用砖头、木架、铁架、托盘等，将蜂箱架高，最好 20～30 厘米，以免蜂箱被雨水浸湿或淹没，也利于蜂群通风散热、减少病虫害。

（8）蜂场安装摄像头，对整个蜂场进行实时监控，随时了解蜂场情况。有条件的，还可以给一部分蜂群安装温度、湿度、重量等监控装置，随时了解蜂群的温度、湿度、重量、蜜蜂出入、蜜蜂采集是否积极、蜂群是否该加继箱等情况。还可以通过监控设备对蜂场情况进行拍照、录像、录音、数据传输、远程手机监控等。随着科技的发展，更多的监控功

用支架架高蜂箱

能会被开发利用，这些设备会给养蜂增加很多乐趣，也给蜂群管理带来很多方便（图 2-39、图 2-40）。

中国地大物博，蜜粉源植物非常丰富，能够定地养蜂或转地养蜂的地方有很多。有一定规模，有一定实力的公司实体、养蜂合作社、大型蜂场等，可以全国统筹，与全国蜂产业体系相关部门、组织或个人合作，提前做好蜜粉源预

测预报，统筹安排蜜源场地、调拨蜂群、配备蜂箱、提供笼蜂和蜂王、组织强群突击采蜜、提供运输服务、回收成熟蜜脾、机械化取蜜、市场营销、利益分配。形成产供销一条龙的规模化、标准化、机械化、数字化的养蜂生产销售体系，创建中国一流的养蜂实体，降低养蜂风险，降低养蜂的劳动强度，提高养蜂综合效益。

蜂场安装摄像头

图 2-39　无线监控摄像头
（刘然　摄）

图 2-40　蜂箱温湿度、
重量监控器
（刘富海　摄）

如果觉得中国的蜜粉源还是不能满足需要，也可以跨出国门，去澳大利亚、新西兰、马来西亚、美国、加拿大、赞比亚等地养蜂。中国已经有很多养蜂人跨出了国门，获得了成功。

9. 粗放式管理，少干扰蜜蜂

中国传统养蜂模式，是"精耕细作"的养蜂模式，用单箱体或两箱体养蜂，蜂群中巢脾数量及空间有限，很容易造成蜂王没地方产卵，蜜蜂没地方储蜜储粉，出现分蜂。

为了让蜂王有地方产卵，让蜜蜂有地方储蜜，养蜂人就要经常调脾，经常摇蜜取蜜，还要经常去除自然王台、经常割雄蜂蛹等，两个人养 100 来群蜜蜂，每隔几天就要查看一次蜂群，占用大量时间，累得腰酸腿疼。

一部分养蜂人，在外界温度还很低，不适合蜜蜂繁殖的季节，把蜂群中四五框蜂抖得只剩下一个脾子，让蜂密集，让蜂多于脾，同时还要里外保温，提前春繁。然后，每隔几天就给蜂群加一个脾，让蜂王产卵。还经常奖励饲喂，刺激蜜蜂兴奋及蜂王产卵。对蜜蜂精心照料，不敢丝毫粗心大意。

很多养蜂人认为，只有这样"精心照料""精耕细作"才能把蜂养好，这是中国养蜂的"特色技术"。认为中国的养蜂技术比国外的"懒惰养蜂""粗放式养蜂"技术含量高。

其实，"精耕细作""精心照料"不一定符合蜜蜂的生物学习性，养蜂人辛勤付出不一定能带来最好的回报。蜜蜂需要安静的生活环境，完全能够调整自己的生活，根本不需要"过度照料"，过度照料对蜜蜂来说是一种干扰。蜂群发展到一定的群势，采集到一定数量的蜂蜜，就要分家，就要再建一个新的蜂巢继续繁殖，继续采花酿蜜。有了一定的群势，有了足够的蜂蜜，蜂群可以自我适应气候和环境，不需要人的"饲养"和"照顾"。

人为开箱检查、调整巢脾、给蜂群保温、经常摇蜜等，对蜜蜂的干扰很大，会影响蜜蜂的繁殖、采蜜、酿蜜等正常生活，会打乱蜂巢中的生态环境，影响蜂巢的温度和湿度。

我们要了解蜜蜂的习性，顺其自然，充分利用蜜蜂的习性，获得我们想要的收益。平时让蜜蜂有足够的饲料、充足的空间，让蜜蜂自己照顾自己。

也就是说，养蜂的正确方法应该是"服务于蜜蜂的粗放式管理"。我们平时要做的事情，就是让蜜蜂有食物、有营养，让蜜蜂健康、让蜂群强壮、让蜂王有地方产卵、让蜜蜂有地方储蜜，其他的事情尽量少做。待蜜源结束前，给蜂群留足蜂蜜饲料，其他的蜜脾及箱体统一取下处理取蜜，这就是"服务于蜜蜂的粗放式养蜂"。这样做，养蜂人很轻松，蜜蜂也少被干扰，蜂蜜产量高，蜂蜜品质好（图2-41）。

图2-41 多箱体粗放式养蜂，蜂蜜产量高、品质好，省心省事
（彭文君 摄）

10. 不要用抗生素等药物给蜜蜂防病治病

抗生素等药物污染已经成了影响蜜蜂产品质量及人类健康的严重问题。很多养蜂人，不管蜂群有病没病，都会用抗生素等药物给蜜蜂预防疾病或治疗疾病。也正是因为蜜蜂产品中检测出抗生素等药物，有的出口蜜蜂产品的厂商遭到对方索赔，有的因为蜂蜜中检出了氯霉素，遭到了监管部门的重金处罚，还有的限制几年内不得再从事蜂蜜经营。

抗生素等药物对人类的危害是人所共知的，全世界都在限制或禁止抗生素等药物在蜜蜂产品中残留。我国也在对有关药物的很多项目进行严查。生产天然、无抗生素等药物残留的优质蜜蜂产品，是人心所向，大势所趋，是我们必须要做到的。

蜜蜂的很多疾病实际上与蜜蜂品种、饲料、营养、抗病能力、环境污染、杀虫剂、除草剂、温湿度、蜂群的群势等有关。蜂群缺乏饲料，或蜜蜂吃有问题的饲料，肯定会生病。给蜜蜂喂营养单一的白糖、营养不全的代用花粉、发酵的劣质蜂蜜，蜜蜂都会生病。

在养蜂生产中，养蜂人都能够体会到，蜜蜂的很多疾病到植物开花流蜜之后，会逐步得到缓解或者不治而愈。实际上，正是蜜蜂利用自然界中的花粉、花蜜、蜂胶，治愈了自己的疾病。也正是自然界这些营养物质，改善了蜜蜂的体质，增强了蜜蜂的抗病能力，杀灭了各种病菌，使蜜蜂免受疾病危害。

不同的植物所含的营养物质不一样，蜜蜂从不同的植物采来的花蜜、花粉、树脂，经蜜蜂酿造转化成为蜂蜜、蜂粮、蜂胶、蜂王浆，这些蜜蜂产品都具有不同的抗菌、抗氧化效果，蜜蜂利用这些蜂蜜、蜂粮、蜂胶、蜂王浆等提高自身、幼虫、蛹的抗病能力，防治蜜蜂多种疾病。

蜜蜂采集植物的树脂，然后与自身的分泌物混合形成蜂胶，它们在每一个巢房中都涂上一层薄薄的蜂胶，这些蜂胶具有抗细菌、抗真菌、抗病毒、抗氧化作用，可以保护蜂巢内的幼虫、蛹免受细菌、真菌、病毒的侵害，也可以避免巢房中的蜂粮、蜂蜜、蜂王浆氧化变质。

美国北卡罗来纳州立大学的研究人员发现，当蜂群面对病菌威胁时，蜜蜂采集树脂做成蜂胶的数量会比平时急剧增长45%以上。与此同时，蜜蜂还会移走被病菌感染的幼虫，隔离病原，阻断传播途径。

蜜蜂除了会使用蜂胶为自己治病之外，还会用蜂蜜为自己治病。

不同的蜜源植物开的花不同，分泌的花蜜不同，蜜蜂采集之后酿造的蜂蜜的成分也不同。来源于不同植物的蜂蜜，其含有的抗菌化合物有差异，它们对不同的病原体有特定的功效。蜜蜂通过采集各种植物的花蜜酿造形成蜂蜜，将不同品种的蜂蜜分门别类地存放在相应位置，哪个位置存放什么蜂蜜，只有蜜蜂自己知道。

有研究人员做了一项试验，在感染了美洲幼虫腐臭病（AFB）和欧洲幼虫腐臭病（EFB）的蜜蜂附近放上向日葵蜜、椴树蜜、洋槐蜜等供蜜蜂采集，发现患 AFB 的蜜蜂更喜欢采集向日葵蜜，患 EFB 的蜜蜂更喜欢采集洋槐蜜。

随后研究人员对向日葵蜜、椴树蜜、洋槐蜜等单花蜜和百花蜜的抗菌活性进行了测试。结果发现，百花蜜对两种致病菌有完全抑制效果，单花蜜在针对特定 AFB 和 EFB 相关细菌菌株的抗菌活性上有显著差异。洋槐蜜比其他单花蜜更能有效抑制 EFB 特异性细菌及其相关细菌；向日葵蜜比其他单花蜜对 AFB 的抑制作用更加强烈而显著。

由此可见，被感染的蜜蜂知道哪一种蜂蜜更有助于治疗它们的疾病。蜜蜂除了会给自己治疗疾病之外，当蜂群中的其他同伴生病时，哺育蜂会去找到合适的药用食物（不同种类的蜂蜜）来喂养生病的同伴。

有蜜就摇，不仅对蜜蜂造成了干扰，而且还容易使蜜蜂吃没有酿造降解的花蜜而生病。如果再喂给蜜蜂营养单一的白糖、营养不全的代用饲料，或已经发酵的劣质蜜等，可导致蜜蜂营养不良，体质很差，抗病力下降，会引发各种疾病。如果营养问题没有解决，用抗生素单纯地治疗疾病也解决不了根本问题。抗生素不仅会使蜂群内病原菌产生耐药性，而且抗生素的使用，还会破坏蜜蜂肠道菌落，使蜜蜂进一步营养失衡，抗病力下降，更容易被病原微生物感染，缩短蜜蜂的寿命。同时，抗生素还会污染蜜蜂产品，对人类健康也造成伤害。

我们应该做的是维持蜜蜂的群势，保持蜂群内部结构尽可能相对稳定，让蜜蜂一直有足够的优质饲料，尽量少干扰蜜蜂，让蜜蜂用它们自己的方法保护它们自己。

蜜蜂的烂子病、爬蜂病，如果是由花蜜、杀虫剂、除草剂、各种污染、高温、低温等引起的，喂再多的解毒药也没用。还不如把生病蜂群的巢脾全部取出，废弃其全部饲料，用火焰喷枪给蜂箱彻底消毒，换入新的巢脾、新的优质的蜂蜜和优质花粉，介入新的蜂王，让其重新发展。

群势强、蜂王新、蜜粉足、蜜粉优、蜜蜂体质好、无农药等伤害，是蜂群健康无病的基础。（图 2-42）。

11. 夏季把蜂群放在阴凉处，防止暴晒

蜜蜂属于变温动物，受外界气温影响很大，但是由成千上万只蜜蜂组成的蜂群，具有调节巢温的能力。

图 2-42　强壮的蜂群，优质的饲料，没有污染的环境，是蜜蜂健康的基础

（苏慧琦　摄）

经研究测试，蜂群蜜蜂数量越多，群势越强，调控巢内温度的能力就越强，蜂巢内子脾的温度就越稳定，并能够稳定保持在适宜温度 34～35℃。蜂巢内子脾的温度太高或太低均不利于蜜蜂发育和繁殖。如在 27℃ 时封盖子虽然能羽化为成虫，但没有采集力；30℃ 时羽化推迟 4 天；37℃ 时羽化期缩短 3 天，但有大量封盖子死亡；温度超过 40℃ 时卵不孵化。

虽说强群有较强的温度调控能力，但是持续的高温暴晒，蜂群也会受到很大影响。如果蜂箱直接放在暴晒的水泥地、石子地等地面上，会对卵、幼虫、成年蜂及蜂王造成高温伤害，甚至全群死亡。

夏季十分炎热，给蜂群遮阳，或把蜂群放到阴凉处十分重要。据测试，在阳光下的蜂箱里，箱盖下的温度中午会超过 35℃。而在阴凉处的蜂箱里，箱盖下的温度一般不超过 32℃。遮阳处的蜂群比未遮阳的蜂群，在流蜜期蜜蜂出勤数量高 22%～40%，蜂蜜产量增加 10%～20%。

蜜蜂降低巢温，主要是通过消耗蜂蜜加强新陈代谢、振翅扇风、蒸发水分等方法进行的。蜜蜂在蜂巢门口，排成队，头部朝里，尾部朝外（中蜂相反），振翅扇风，把巢内热气抽到巢外。除了扇风降低巢温外，蜜蜂还会外出采水，将采回来的水滴涂在封盖子的房盖以及巢框的板条上，用喙使之分布均匀，或把水滴涂在未封盖幼虫房的房壁上部，不断弯曲伸展沾有水滴的喙，同时加速扇风，促使水分蒸发，从而降低巢温。

在炎热的夏季，为了减少蜂群受太阳暴晒的影响，减少蜜蜂为降温增加的劳动量，我们最好给蜂群遮阳或把蜂群放置在阴凉处。同时，我们还要把蜂箱用架子架高 20～30 厘米，这样不仅可以加强通风散热，减少地面温度对蜜蜂的影响，还可以减少雨水浸湿蜂箱，浸埋巢门口，减少烂草腐叶中滋生的病菌、蜂螨等进入蜂箱，减少蟾蜍到蜂巢门口吃蜜蜂。

架高蜂箱时，一定不要选择低洼积水处，地基要夯实，支架要稳固，能够撑得起数百斤蜂群的重量，刮大风、下暴雨时不能倾倒（图2-43、图2-44）。

图2-43　给蜂群遮阳，架高蜂箱，防止暴晒，防水淹，
防倾倒，利于通风除湿，减少病虫害
（刘富海　摄）

要有稳固
的蜂箱支架

图2-44　下暴雨，地基下陷，支架不平稳，4个蜂群箱倒塌
（罗婷　摄）

12. 干燥季节或地区注意给蜂群增湿

蜜蜂繁衍生活除了需要适宜的温度外，还需要适宜的湿度，如果蜂箱内空气太干燥，蜂王产的卵将不能正常孵化，幼虫、蛹也不能正常发育。

蜂巢的湿度变动幅度比较大，不如温度相对稳定。蜂巢湿度变化主要取决于温度、湿度、蜜源、蜂箱通气状况、群内蜂子数量、蜜蜂的活动强度及其生理状态等因素。

在蜂群育虫、造脾、采蜜时期，蜂箱内各部位的相对湿度介于25％～100％。蜜源缺乏时期，巢内育虫区蜂路之间的相对湿度一般维持在76％～

80％；流蜜期维持在 40％～65％。如果空气湿度太低，蜂王产的卵不能孵化，出现见卵不见子的情况，会严重影响蜂群正常繁殖。

因此，在外界环境比较干燥且蜜源缺乏时期，要注意缩小蜂箱巢门，坚持给蜜蜂喂水，每天多次给蜂场洒水增湿，以满足蜂群对水分的需要，避免蜂卵不能正常孵化，影响蜂群的正常繁殖。

四、多箱体成熟蜂蜜取蜜要点

1. 流蜜期不取蜜，让蜜蜂集中精力采花酿蜜

由于流蜜期取蜜会对蜜蜂采花酿蜜造成严重干扰，影响蜜蜂采蜜情绪和采蜜时间，影响蜂蜜产量和品质，而且养蜂人起早贪黑摇蜜，会很忙碌，很劳累。

为了减少养蜂人取蜜的辛苦，不干扰蜜蜂的正常生活，让蜜蜂集中精力采花酿蜜，使花蜜得到充分转化，从而提高蜂蜜的质量和产量，为社会生产优质好蜜，提高养蜂的经济效益，在流蜜期我们不能经常取蜜。在流蜜期，我们应给蜂群及时添加继箱，扩大蜂巢，让蜜蜂一直有空间储存蜂蜜。在转地之前、主要蜜源结束之前或储蜜继箱摞得太高的时候，再撤除储蜜继箱，统一处理取蜜（图 2-45）。

图 2-45　流蜜期不取蜜，花期结束后再统一取蜜
（彭文君　摄）

2. 蜜脾封盖后再取蜜

巢箱及第 1、第 2 个标准继箱，主要供蜂王产卵繁殖用，这里面的蜂蜜不管蜜脾封不封盖，也不管蜜脾有多少，这 3 层的蜜脾平时不取，一直到越冬之前再进行调整和取蜜。第 4 个箱体以上的继箱，主要是储存蜂蜜的，这几个继箱中的蜜脾封盖后，可以取下来取蜜。蜜蜂将花蜜充分转化后，就会把储蜜巢房用蜂蜡封起来。蜂蜜在封了盖的巢房中再经过一段时间的后期成熟，逐步成

为不易发酵变质的成熟蜂蜜。

储蜜巢房"封盖"是花蜜被蜜蜂酿造好的标志，蜂蜜封盖后还要在巢房中经过 20 天左右的后期成熟，蜂蜜成分逐步达到相对稳定。蜂蜜封盖，并不代表封盖蜜中的水分含量很低，在潮湿的季节或湿度大的地方，封了盖的蜂蜜水分含量也会高达 20%以上，浓度也只有 41 波美度左右，这样的蜂蜜取出后还是容易发酵变质。只有经过足够时间的转化，水分含量达到 18%以下，最好是 17%以下的蜂蜜，在常温密封条件下才不易发酵变质。所以，平时没有封盖的蜂蜜尽量不要取，封了盖的蜜脾在蜂箱中尽量多放一段时间后再取，这样的蜂蜜品质会相对较高（图 2-46）。

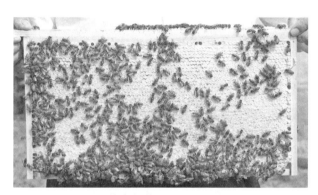

未封盖不
成熟蜂蜜

转化好的封
盖成熟蜜

图 2-46 蜂蜜封盖后，再经过一段时间的
后期成熟，然后再处理取蜜
（罗婷 摄）

3. 蜜脾简易脱蜂方法

中国传统的脱蜂方法，主要是手工抖蜂，再用蜂扫扫蜂，对蜜蜂的干扰和伤害很大，工作效率很低，养蜂人很辛苦，还容易被蜜蜂螫。下面介绍一些简单、效率高的脱蜂方法。

（1）脱蜂板脱蜂。脱蜂板脱蜂，简单方便，效率高，对蜂群没有干扰，不会发生盗蜂。脱蜂板是一个蜜蜂只能单向通过，无法返回的装置。脱蜂板中央有一圆孔或长椭圆孔等，为蜜蜂入口，在板的另一面，装有蜜蜂单向通道，蜜蜂单向通道可以是双三角形、双四方形、十字形、方形、锥形等多种形状（图 2-47）。脱蜂时，脱蜂板放在待脱蜂的储蜜继箱下面，入口在上，使蜜蜂只能从上面箱体进入下面箱体，不能返回。一般 24 小时左右即可脱光上面箱体的蜜蜂。

用脱蜂板脱蜂时，利用小型升降机、吊机等，把储蜜继箱抬起，在储蜜继箱下面放 1 个或 2 个带空脾的继箱，空继箱之上放 1 个脱蜂板，然后再把储蜜继箱放在脱蜂板之上即可。这样便于上面继箱中的蜜蜂进入下面箱体，而且不

利用龙门架给
蜂群加脱蜂板

图 2 - 47 双层三角形脱蜂板

（罗婷 摄）

会太拥挤。如果储蜜继箱上开了上巢门则要关上巢门。一般放上脱蜂板 24 小时左右，脱蜂板之上储蜜继箱中蜜蜂都会脱入下面的箱体中。然后用吊机等工具把储蜜继箱整体搬下或逐层搬下，用吹风机吹去残余蜜蜂，继箱带蜜脾一起装车运回工厂统一处理取蜜（图 2 - 48、图 2 - 49）。

图 2 - 48 用吊机抬起储蜜继箱，放带巢脾空继箱及脱蜂板

（彭文君 摄）

利用电动小
吊机加脱蜂板

图 2 - 49 储蜜继箱下加脱蜂板脱蜂

（彭文君 摄）

（2）吹风机脱蜂。买一个可调风速的吹风机，打开蜂箱的盖子，对着蜂箱轻吹几下，把蜂箱上面的蜜蜂吹到蜂箱下面，然后搬下浅继箱，吹风机对着蜂路，把剩余的蜜蜂吹飞即可。也可以用吹风机，逐脾把蜜脾上的蜜蜂吹到蜂箱里（图2-50、图2-51）。

图2-50　吹吸两用吹风机
（罗婷　摄）

图2-51　吹风机脱蜂
（罗婷　摄）

用吹风机
吹去蜜蜂

吹风机除了可以辅助脱蜂之外，还可以改造成回收分蜂团的"收蜂机"，万一出现分蜂时，可以方便快速地收回分蜂团。具体做法是：用一个带盖的能密封的塑料箱或塑料桶，在箱盖上钻两个孔，一个孔插一根管子用于收捕蜜蜂，另一个孔连接吹风机的进风口，进风口处垫一层纱网，以防蜜蜂被吸入风机内。打开吹风机电源，塑料箱就会产生负压，就可以把蜜蜂吸入塑料箱内（图2-52、图2-53）。在塑料箱内底部，放一层海绵或一块软布，或一个蜂帽网，起缓冲作用，避免吸力太大摔伤蜜蜂。

除了上面的吹风机外，在野外没有交流电源的地方，可以买一个带发动机的野外用背负式吹风机。脱蜂时，把储蜜继箱从蜂群巢箱之上搬下来，把储蜜继箱竖立在蜂箱上或草地上，用吹风机对着储蜜继箱蜂路轻轻一吹，即可吹去储蜜继箱中的蜜蜂（图2-54、图2-55）。

图2-52　收蜂机收捕分蜂团

（罗婷　摄）

利用收蜂机
收取分蜂团

图2-53　吹风机改造的收蜂机

（罗婷　摄）

图2-54　背负式吹风机吹去储蜜继箱上蜜蜂

（苏慧琦　摄）

收回脱蜂板

图2-55　吹风机吹去储蜜继箱中蜜蜂

（安传远　摄）

脱蜂时几个人配合，流水作业，1人打开蜂箱盖，搬下储蜜继箱，1个人用吹风机吹去蜜脾上的蜜蜂，1个人搬走无蜂的蜜脾继箱。这样干一天也不会太累，很少会被蜜蜂蜇。

第1次脱蜂取蜜时，最下面3个箱体巢脾上的蜂蜜不要取，留给蜜蜂继续采蜜装蜜酿蜜和食用。这3个箱体，秋繁结束后，蜜蜂越冬前再进行相应的调整和取蜜。

撤除储蜜继箱

4. 取蜜前蜜脾干燥处理

蜜蜂采集的花蜜，经过7天左右的酿造转化，蜜蜂认为转化好以后，会把转化好的蜂蜜巢房逐步用蜂蜡封起来，一张蜜脾全部封上蜡盖，需要15天左右，有时时间会更长。巢房被蜂蜡封起来后，蜂蜜还要在巢房中继续转化一段时间，水分含量逐步达到18％以下，形成常温密封条件下不易发酵变质的"成熟蜂蜜"。

蜂蜜发酵主要有3个因素，一是蜂蜜中的水分含量；二是蜂蜜中嗜渗酵母数量；三是储存蜂蜜的温度。如果蜜蜂在采集花蜜以及在摇取加工蜂蜜过程中，向蜂蜜中带入了嗜渗酵母，而此时如果蜂蜜还没有酿造成熟，蜂蜜水分含量又偏高，且储存温度适宜，嗜渗酵母就会大量繁殖，它能使蜂蜜中的糖类转化为乙醇以及乙酸，使蜂蜜发酵产生气泡，影响蜂蜜的口感。依据《食品安全国家标准　蜂蜜》（GB 14963—2011）规定，蜂蜜中嗜渗酵母计数应≤200菌落形成单位/克，嗜渗酵母超标不仅会影响蜂蜜的品质，而且可能使食用者出现腹泻等不适症状，会直接影响人们的健康。

经过研究测试，水分含量18％以下，浓度为42.5波美度以上的蜂蜜，可以将嗜渗酵母孢子有效抑制在1 000个/克以下，这样的蜂蜜在常温下保存，在一年之内不会发酵。正是因为这个原因，很多国家的蜂蜜质量标准要求蜂蜜的水分含量在18%以下，加拿大要求水分含量在17.8%以下。但是，水分含量为18%的蜂蜜还不够安全，只有水分含量达到17%以下的蜂蜜才相对更加安全。

蜂蜜浓度、含水量、含糖量、相对密度换算方法见表2-1。

表2-1　蜂蜜浓度、含水量、含糖量、相对密度换算表

蜂蜜浓度（波美度）	含水量（%）	含糖量（%）	相对密度
38	27.0	71.1	1.356 1
38.5	26.0	72.2	1.362 5
39	25.0	73.2	1.368 9
39.5	24.2	74.2	1.375 5
40	23.1	75.4	1.382 1
40.5	22.3	76.2	1.388 7
41	21.2	77.2	1.395 5
41.5	20.2	78.1	1.402 2
42	19.2	79.1	1.409 1
42.5	18.1	80.3	1.416 0
43	17.0	81.3	1.423 0
43.5	16.3	82.2	1.429 6
44	15.2	83.1	1.436 6
44.5	14.2	84.2	1.443 8

在一般情况下，采回来的花蜜，经蜜蜂转化1天后，浓度为36波美度左右；经蜜蜂转化2天左右，浓度为38波美度左右；经蜜蜂转化4天左右，浓度为40波美度左右；经蜜蜂转化7天左右，浓度为41波美度左右；经蜜蜂转化半个月左右，浓度为42.3波美度左右；经蜜蜂转化1个月左右，浓度为42.7波美度左右；经蜜蜂转化2个月左右，浓度为43波美度左右；经蜜蜂转化3个月左右，浓度为43.5波美度左右。气候干燥的地区，这个时间会缩短，蜂蜜浓度会更高。

蜂蜜的含水量、浓度，与地区、季节、空气温度、湿度、蜂群的群势、取蜜时间、蜂蜜转化时间等有很大关系。空气相对湿度低于58%时，蜂蜜中的水分会逐步蒸发减少，蜂蜜浓度逐步提高。空气的湿度比较高时，蜂蜜会吸取空气中的水分，蜂蜜含水量逐步升高，浓度逐步降低。蜜蜂数量少，群势比较弱的蜂群，蜂巢内的相对湿度66%左右。这样的蜂群中的蜂蜜，在湿度比较大的地区和季节，即使全部封了蜡盖，蜂蜜的浓度也很难达到42波美度，有的只有39波美度左右。

蜜蜂数量多，群势比较强的蜂群，巢内相对湿度可以达到55%左右。强壮蜂群的巢房中的蜂蜜，在湿度较高的地区和季节，蜂蜜的浓度也可以达到

42.5 波美度左右。在空气比较干燥的地区和季节，巢房中的蜂蜜浓度可以达到 43.5 波美度以上，有的可以达到 44 波美度以上。

在实际生产中，用弱群两箱体勤取蜜养蜂方法生产蜂蜜，在湿度比较高的地区和季节，蜂蜜含水量一般在 23% 左右，很难达到 18% 以下。而采用强群多箱体养蜂方法生产蜂蜜，一个花期只取一次封盖蜜，蜂蜜的含水量很容易达到 18% 以下，浓度为 42.5 波美度以上。蜂蜜质量指标都能达到欧盟标准，超过我国现行的《食品安全国家标准　蜂蜜》（GB 14963—2011）蜂蜜标准。

由于蜂蜜含水量为 18% 左右，并不能完全防止蜂蜜发酵，只是使蜂蜜不容易发酵，尤其是温度条件适宜时，嗜渗酵母继续繁殖，每克蜂蜜嗜渗酵母孢子数超过 1 000 个时，蜂蜜照样发酵。只有蜂蜜的含水量在 17% 以下，浓度为 43 波美度以上时，其抗菌能力、抗氧化能力都很强，常温密封避光条件下才真正不易发酵变质。

定地、强群、多箱体养蜂，一般都是在一年蜜源流蜜结束之后，统一撤继箱，集中处理取蜜。蜂群顶部的几层继箱中的蜂蜜，转化时间长，蜂蜜的浓度可以达到 43 波美度以上。但是中部下部储蜜继箱中的蜂蜜，转化时间相对较短，蜂蜜的浓度可能在 42.5 波美度左右，达不到 43 波美度。如果有新进的还没有封盖的蜂蜜，含水量会更高，浓度会更低。

如果是转地养蜂，花期结束后，需要撤除储蜜继箱，以方便蜂群运输。这样的蜂蜜转化时间相对较短，即使全部封盖，蜂蜜的浓度可能在 42.5 波美度左右。湿度比较大的地方，蜂蜜的浓度更低。

为了确保从蜜脾中摇出来的蜂蜜不经过加热浓缩灭菌，在常温密封避光条件下能够久存不坏，不管是什么季节，不管外界温湿度什么情况，不管是南方还是北方，取蜜时，从蜂群上取下来的继箱蜜脾，不要在蜂场中现场取蜜，要把蜜脾全部运回工厂，存放在大小适宜的干燥室内，通风、干燥一段时间，待蜂蜜含水量达到要求后再割蜡盖取蜜（图 2-56）。

储蜜继箱运回工厂统一处理

图 2-56　蜜脾在干燥室内干燥之后再割蜡盖取蜜

（刘富海　摄）

经过测试，当空气温度 27～35℃，相对湿度低于 58％时，通风可以有效使蜂蜜中的水分逐步蒸发，蜂蜜浓度逐步提高。这个温度和湿度，与强群多箱体内的温度和湿度基本一致，对蜂蜜的质量不会产生任何不良影响。

成熟蜂蜜微生物指标完全符合国家标准

为了有效除去干燥室内的湿气，保持干燥室内温暖和干燥，可以用电扇加强空气流通，也可以使用大功率工业除湿机，使屋内空气温度达到 27℃ 以上，35℃ 以下，相对湿度降到 40％ 左右。用除湿机除去室内水分时，干燥室的门窗要全部关闭，阻止室外湿气进入室内，以免影响干燥效率。如果蜜脾数量多，房间空间大，除湿机除湿效率很低，就应该打开通气窗，直接用电扇吹风，加强空气流通，使蜜脾蜂蜜浓度逐步提高。

蜜脾继箱摆放在托盘架上，保持上下通风，一般在干燥室内干燥除湿数日或更长时间，就可以使蜜脾蜂蜜浓度达到要求。检测蜜脾中蜂蜜含水量、浓度，蜂蜜含水量达到 17％ 以下，浓度达到 43 波美度以上，或达到自己企业所需的浓度以后，即可割蜡盖取蜜（图 2-57）。

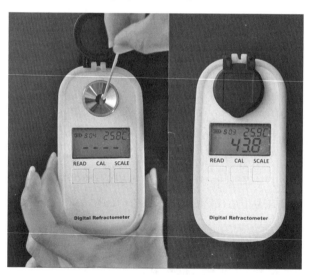

图 2-57　用蜂蜜糖量检测仪检测蜂蜜浓度
（刘富海　摄）

经过对比检测，干燥处理后，浓度达到 43 波美度以上的蜂蜜，除了含水量降低浓度提高外，蜂蜜的理化指标及色香味都无变化，不需要再经过任何方式的灭菌，蜂蜜的微生物指标等都能完全符合并优于国家相关标准，在常温密封避光干燥条件下，多年不会发酵变质。

表2-2　左：未干燥时蜜脾蜂蜜理化指标（浓度为42.7波美度）

右：干燥后蜜脾蜂蜜理化指标（浓度为43.8波美度）

（李强　提供）

5. 割蜜脾蜡盖

封盖蜜脾在干燥室内经过干燥除湿，达到所需的浓度后，就可以割开蜡盖摇取蜂蜜。割盖取蜜车间、割盖取蜜工具、各种容器等一定要灭菌消毒、干净卫生，工作人员要符合健康卫生要求。

（1）进入车间的人员都要有健康证，穿专用工作服装，要进行消毒。

（2）车间要提前打开紫外灯杀灭病菌。车间、设备、器具、容器事先清洗消毒，清洁卫生。

（3）每个生产环节都要做好记录。

（4）干燥处理过的蜜脾，蜂蜜的浓度已经达到43波美度以上，蜂蜜的黏稠度非常高，一定要在27～35℃的环境及时把蜜脾中的蜂蜜取出来，以免蜜脾返潮、生巢虫，或气温低时取不出来。

由于43波美度以上的蜂蜜黏稠度比较高，如果用割蜜刀手工割蜡盖，不仅蜂蜜黏刀不好割，而且割蜡盖效率非常低。养蜂数量少的蜂场可以这样做，养蜂规模比较大的蜂场应该采用电动割蜡盖机割蜡盖，提高割蜡盖效率（图2-58、图2-59）。

图2-58　割蜜刀手工割蜡盖

（刘富海　摄）

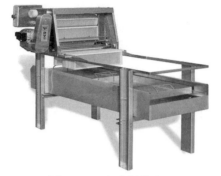

手工割除蜜脾蜡盖

图 2-59 电动割蜡盖机

（王宝龙 供）

6. 取蜜

割开蜜脾蜡盖后，要立即取蜜。浓度为 43 波美度以上的蜜脾，蜂蜜黏稠度非常高，用两框手摇摇蜜机摇蜜，不但非常费劲、效率低，而且也容易把蜜脾摇坏。浓度为 43 波美度以上的蜂蜜，应该采用电动辐射式摇蜜机取蜜，减轻摇蜜劳动强度，提高蜂蜜摇取效率。

电动辐射式摇蜜机，蜜脾的摆放呈车轮辐条状，脾面位于中轴所在平面，蜜脾下梁朝向并平行于中轴，转动时脾子两面同时受力，不会损坏脾子，不管是新脾老脾都可以摇蜜。

电动辐射式摇蜜机，根据大小不同，一次可以装几个到十几个甚至几十个蜜脾，无须换面，一次性把蜜摇完，工作效率比较高（图 2-60）。

电动辐射式
摇蜜机取蜜

图 2-60 电动辐射式摇蜜机

（王宝龙 供）

养蜂规模比较大的蜂场、合作社、公司、联合体等，也可以选用电动割盖摇蜜榨蜡一体机摇蜜，摇蜜的效率会大大提高（图 2-61）。

图 2-61　电动割盖摇蜜榨蜡一体机

（刘富海　摄）

自动化取蜜

电动割盖摇蜜榨蜡一体机是从国外引进的取蜜设备，国内目前还没有厂家生产。该机器一次可摇几十框甚至上百框蜜脾，效率比较高。这种设备价格比较高，平时利用率不高，只适合规模比较大的蜂场、蜂业公司、养蜂合作社、养蜂联合体等。

7. 蜜蜡分离

割下来的蜡盖上会有很多蜂蜜，只靠渗滤把蜡盖上的蜂蜜渗滤出来，效率太低。可以利用电动蜜蜡分离机、高速离心机快速分离蜜蜡（图 2-62、图 2-63）。

高速离心机
使蜜蜡分离

图 2-62　电动蜜蜡分离机

（王宝龙　供）

图 2-63　高速离心机

（王宝龙　供）

8. 蜂蜜过滤

从摇蜜机中分离出来的蜂蜜，往往会有蜡渣、蜂尸等杂质，要通过滤网及时把这些杂质过滤清除。由于高浓度蜂蜜黏稠度高，一般的过滤方法速度很慢，为了提高过滤效果及速度，可以利用高速蜜蜡分离机配上相应目数的滤网，快速过滤（图 2-64）。

如果蜂蜜量比较少，也可以把蜂蜜存放在下面有出液口的容器中，在 27～35℃常温下，静置数日。由于蜂蜜的密度比较大，蜂蜜中的蜡渣等杂质会慢慢漂浮到蜂蜜表面上，然后把沉淀干净的蜂蜜从容器下面的出液口放出来，封存备用。上面有蜡渣的蜂蜜，用滤网或过滤机对其进行进一步过滤。

图 2-64　高速蜜蜡分离机

9. 蜂蜜检测入库保存

分离、过滤好的蜂蜜，按品种、产地、蜂场、时间等分别装入清洁无毒的蜂蜜专用桶中，盖好桶盖，阴凉处保存。蜜桶封存前，取样留样检测。检测完毕，贴上蜂蜜相关信息标签，封存备用。也可以将过滤好的蜂蜜，及时检测、分装，直接销售。蜜库要阴凉、干燥、通风、清洁、没有污染物，符合相关要求。

10. 空脾回收保存

取蜜之后，可以将继箱及取过蜜的空巢脾放回蜂群的繁殖区之上，让蜂群清理后继续储存蜂蜜。也可以把继箱及空巢脾放在蜂群顶部，让蜜蜂清理干净后脱蜂撤出入库保存。

要保存的巢脾，新脾、旧脾、标准继箱巢脾、浅继箱巢脾分开装箱，做好记录及标识。老旧巢脾淘汰化蜡。

由于巢脾易遭巢虫损坏，取完蜜的空巢脾一定要妥善保管。空巢脾放入蜂箱或库房保存之前，用硫黄或磷化铝熏蒸一次，存放巢脾的库房要密封，干燥，清洁，无鼠害。平时定期用硫黄或磷化铝熏杀，以免巢虫、霉菌、老鼠损坏巢脾。

巢虫繁殖一般需要较高的温度（大蜡螟卵虫繁殖温度为 30～35℃），有条件的蜂场或专业合作社可建立专用冷藏库储存巢脾，既可有效保护巢脾免受巢虫危害，又可避免因防治巢虫而导致的药物残留。

五、强群多箱体蜂王浆生产方法

多箱体蜂箱比较高，采用常规的蜂王浆生产方法会很麻烦。为了操作方

便，多箱体蜂群生产蜂王浆，可以采用"抽屉式产浆框"生产蜂王浆或组成
"品"字形多箱体生产蜂王浆。

1. 抽屉式产浆框生产蜂王浆

用隔王板将蜂王限制在最下面的巢箱内，或用隔王板将蜂王限制在最下面
的巢箱和继箱两个箱体内，在隔王板之上加抽屉式产浆框，生产蜂王浆的王台
基固定在产浆框框条上，然后再按传统的蜂王浆生产方法移虫生产蜂王浆。

抽屉式产浆框两侧有金属轨道，可以轻易地抽出和推入中间的产浆框架，
不需要搬动蜂箱箱体就可以进行蜂王浆生产（图 2-65、图 2-66）。

图 2-65　抽屉式产浆框生产蜂王浆（1）

（刘富海　摄）

图 2-66　抽屉式产浆框生产蜂王浆（2）

（刘富海　摄）

2. "品"字形多箱体生产蜂蜜及蜂王浆

把两群 16 框蜂左右的继箱蜂群并列放到一起,箱底垫平,蜂箱贴紧,两组蜂箱的巢箱之上各加一个隔王板,将蜂王限制在巢箱内产卵繁殖。在隔王板之上加标准继箱,在两组标准继箱之上公共部位,不加隔王板,根据蜂数及进蜜量直接逐层添加储蜜继箱,隔王板两边漏出的两侧,用大小合适的箱盖盖上,组成既可以生产成熟蜂蜜又可以生产蜂王浆的"品"字形强群多箱体。

生产蜂王浆时,把隔王板之上标准继箱的小箱盖打开,在露出的蜂箱区域内下产浆框,按传统方法移虫生产蜂王浆(图2-67)。

产浆框王台中的蜂王浆,除了人工"夹虫、挖浆"之外,也可以利用电动辐射式摇蜜机,把蜂王浆直接摇出来。先用刀割去塑料台基上的蜡口,使幼虫及蜂王浆暴露出来,把王台条扭转 45°,产浆框梁在里面,王台口朝外面,一个一个把整个产浆框插到改造过的电动辐射式摇蜜机里,由慢到快把幼虫和蜂王浆摇出来。再通过滤网分离幼虫和蜂王浆。这样做可以提高钳虫取浆的效率。

图 2-67 "品"字形多箱体
生产蜂蜜及蜂王浆

隔王板会影响采集蜂上下通行,降低采蜜效率,影响蜂蜜产量。选用隔王板时,要选缝隙标准的隔王板,并在隔王板之上及标准继箱与公共储蜜继箱之间各开一个上巢门,方便隔王板之上的蜜蜂出入,尽量减少隔王板对蜜蜂的影响。

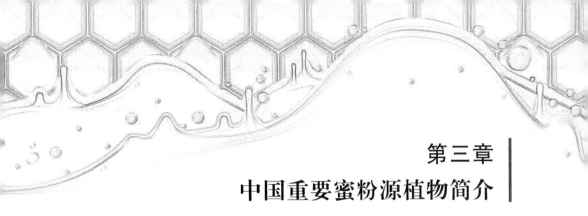

第三章
中国重要蜜粉源植物简介

植物名称	主要分布区	开花时间	泌蜜情况	泌粉情况
蚕豆	长江以南各省份、西北高寒地带	华南一带 12 月至翌年 1—2 月开花，长江流域 3—4 月，黄河中下游各省份 4—5 月	丰富	丰富
油菜	全国大部分地区均有分布，主产区集中在长江流域，有四川、贵州、安徽、江苏、江西、湖南、浙江、河南、湖北、新疆、山西、云南、青海、内蒙古等	华南地区 1—3 月开花，长江中下游地区 3—4 月，四川地区 3 月上旬，黄河中下游地区 4—5 月，西北和东北 5—6 月，内蒙古和新疆 6—8 月	丰富	丰富
荔枝	广东、广西、福建、海南、四川、云南、浙江、贵州、台湾等	海南 2—3 月开花，广东早中熟荔枝为 2—3 月，晚熟荔枝为 3—4 月，福建早中熟荔枝为 3—5 月，晚熟种为 4—5 月，广西为 3—4 月	丰富	丰富
紫云英	广东、广西、湖南、湖北、安徽、江西等	广东肇庆和广西玉林 1—2 月开花，广东花都区一带 2—3 月，江西、湖南为 4 月，浙江、湖北为 4—5 月	丰富	丰富
白刺花	陕西、甘肃、云南、四川、贵州、西藏、湖北、河南、河北、宁夏、山西等	通常 5 月开花，由南往北逐渐推迟，海拔低的先开花，高的晚开花，泌蜜期 20 天左右	丰富	丰富
柑橘	四川、台湾、海南、广西、江西、湖南、湖北、贵州、广东、湖南、浙江、福建等	枳属植物于早春先叶开花，如重庆 3 月中下旬开花；柑橘类果树一般在晚春开花，如广东、福建的椪柑、甜橙等 3—4 月开花；金橘属于夏末开花，如浙江的金橘为 6—8 月开花	丰富	丰富

（续）

植物名称	主要分布区	开花时间	泌蜜情况	泌粉情况
杜鹃	西藏、四川、云南、贵州等	杜鹃3—4月开花；大白杜鹃花期3—4月；露珠杜鹃2—3月；南岭杜鹃、云南杜鹃、多花杜鹃、亮毛杜鹃等花期多集中于4—6月	丰富	丰富
龙眼	福建、广西、广东、台湾、海南、四川、云南、贵州等	南方夏季主要蜜源，海南3—4月开花，广西、广东4—5月，福建4—6月，花期长30天左右	丰富	少量
木姜子	长江流域和西南各省份	南方山区春季重要蜜粉源植物，3—4月开花	丰富	丰富
蒲公英	南北各地	3—8月开花	丰富	丰富
柿树	河北、河南、山东、陕西、山西、湖北、北京等	北方夏季主要蜜粉源植物，长江以南各省区4月中旬至5月上旬开花，河南5月上旬至5月中旬，北京5月中旬至5月下旬	丰富	少量
苕子	江苏、山东、陕西、广西、安徽、贵州、云南等	毛叶苕子为春夏季蜜粉源植物，贵州3月开花，四川、陕西4月，江苏、安徽、山东5月，山西7月；光叶苕子为春夏季主要蜜源源植物，广西3—4月，云南3—5月，江苏、安徽、山东4—5月	丰富	丰富
橡胶树	广东、广西、云南、福建、海南、台湾等	每年开花3次，3—5月为主花期，5—7月第2次开花，8—9月第3次开花	丰富	少量
板栗	河北、山东、湖北、北京、广西等	夏季重要蜜粉源植物，长江流域4—5月开花，黄河流域5—6月	丰富	丰富
草木樨	陕西、内蒙古、辽宁、吉林、河北、河南、江苏、江西、四川、云南等	夏季主要蜜粉源植物，云南4—5月开花，陕西5—6月，西北黄土高原6—7月，辽宁6—8月，黑龙江7—8月	丰富	丰富

（续）

植物名称	主要分布区	开花时间	泌蜜情况	泌粉情况
车轴草	江苏、江西、浙江、安徽、云南、贵州、湖北、辽宁、吉林、黑龙江等	红车轴草为夏季蜜粉源植物，4—9月均见零星开花，泌蜜期集中在5—8月；白车轴草为夏秋季蜜粉源植物，贵州3—6月，云南4—7月，新疆、东北地区6—8月	丰富	少量
刺槐	山东、河北、河南、江苏、安徽、陕西、甘肃、北京等	春末夏初主要蜜粉源植物，北京5月上旬开花，江苏北部和安徽北部为5月中上旬，胶东半岛、陕西延安、天水北部为5月中旬至5月下旬，宝鸡、甘肃南部为4—5月，辽东半岛、秦岭为5—6月	丰富	少量
柳树	全国各地	3—5月开花	丰富	丰富
泡桐	河南东南部、山东西南、山西南部等	白花泡桐在长江流域3—4月开花，毛泡桐在长江流域花期4—5月，兰考泡桐在豫东5月上旬，花期25～30天	丰富	丰富
苹果	山东、辽宁、河北、陕西、甘肃、青海、新疆等	春末夏初蜜源植物，4月中旬至6月上旬开花	丰富	丰富
山乌桕	福建、广东、广西、云南、贵州、江西、浙江、湖南、湖北等	夏季蜜源植物，海南4—5月开花，广东、广西、云南、贵州5—6月，福建、江西、浙江、湖南、湖北、四川6—7月	丰富	丰富
水锦树	广东、广西、云南、贵州、四川等	西南和华南山区夏季重要蜜粉源植物，4—7月开花	丰富	丰富
芫荽	全国各地	夏季蜜源植物，南方4—6月开花，北方7—8月	丰富	丰富
臭椿	全国各地，黄河中下游省份最多	黄河中下游夏季蜜源植物，5月中旬至6月中旬开花	丰富	丰富
大叶白麻	新疆、青海、甘肃、内蒙古等	西北盐碱荒地夏秋重要蜜粉源植物，新疆6—7月开花，青海7—9月	丰富	丰富

（续）

植物名称	主要分布区	开花时间	泌蜜情况	泌粉情况
冬青	浙江、江西、广东、台湾、湖南、广西等	5月中旬至6月上旬开花	丰富	少量
杜英	广东、广西、湖南、江西、浙江、福建、云南、贵州等	5—6月开花	丰富	丰富
橄榄	云南、广东、广西、福建、四川、贵州、台湾等	夏季蜜粉源植物，5月中旬至6月上旬开花	丰富	丰富
枸杞	西北、华北各省份	北方夏季主要蜜粉源植物，5—6月开花	丰富	丰富
柽柳	华北、华东、华中、华南等	夏季重要蜜粉源植物，5—7月开花，盛花期6月	丰富	丰富
苦豆子	内蒙古、宁夏、陕西、山西、河北、河南、甘肃、西藏、新疆等	夏季蜜粉源植物，5月下旬至7月上旬开花，6月是盛花期	丰富	丰富
老瓜头	内蒙古、宁夏、陕西等	夏季主要蜜粉源植物，6—7月开花，开花泌蜜50天左右	丰富	少量
六道木	河北、山西、北京、内蒙古、辽宁等	夏季优良蜜粉源植物，5月下旬至7月上旬开花	丰富	丰富
绿豆	甘肃、青海、陕西、内蒙古、北京、河北、山东等	夏季主要蜜粉源植物，5—7月开花	丰富	丰富
南瓜	全国各地	夏季蜜粉源植物，5—8月相继开花，6—7月为泌蜜高峰	丰富	丰富
牛奶子	陕西、甘肃、四川、湖北、云南、西藏等	夏季蜜粉源植物，海拔1 000米以下5月开花，海拔1 000米以上6月开花	丰富	少量
忍冬	北到辽宁、南至福建等	5—7月开花	丰富	少量
沙枣	陕西、新疆、甘肃、宁夏、内蒙古、黑龙江、吉林、辽宁等	西北夏季重要蜜粉源植物，新疆5月开花，甘肃5—6月开花，宁夏6月开花	丰富	少量
吴茱萸	四川、贵州、广西、陕西、浙江、安徽、江西、福建、湖南、湖北、华北等	5—7月开花	丰富	少量

（续）

植物名称	主要分布区	开花时间	泌蜜情况	泌粉情况
夏枯草	山东、河南及华南各省份	5—6月开花	丰富	少量
香瓜	全国各地，华北、西北地区质量最佳	夏季蜜粉源植物，5—7月开花	丰富	丰富
薰衣草	新疆、河南、陕西、北京等	一般一年可开花2次，在新疆5月中旬至7月上旬第1次开花，8月中旬至10月中旬第2次开花	丰富	丰富
枣树	福建、浙江、江西、湖北、四川、云南、贵州、山东、河南、河北、陕西、山西、甘肃、宁夏、内蒙古、新疆、北京等	夏季主要蜜粉源植物，华北平原5—7月开花，黄土高原比华北平原晚10～15天，长江以南各省比华北平原早15～20天	丰富	少量
紫苜蓿	陕西、新疆、甘肃、山西、河北、山东、内蒙古等	夏季主要蜜粉源植物，山东、河北南部5月中旬至6月下旬开花，黄土高原6月中旬至7月中旬开花，新疆5月下旬至6月下旬开花	丰富	少量
百里香	宁夏、陕西、甘肃、山西、青海、内蒙古、河北等	夏季主要蜜粉源植物，6月上旬至7月下旬开花	丰富	丰富
冬瓜	全国各地，华中、华东、华北、华南各省份较多	夏季蜜粉源植物，6—7月开花	丰富	丰富
甘草	东北、华北、西北	6—7月开花	丰富	丰富
荆条	北京、河北、山西、辽宁、内蒙古、陕西、甘肃、四川等	夏季主要蜜粉源植物，北京近郊6月初开花，远郊6月末至8月上旬，辽宁7—8月，山西6—7月，内蒙古6月，山东6—8月，山西6—7月	丰富	少量
骆驼刺	新疆、甘肃、内蒙古、西藏、青海、宁夏等	优良夏季蜜粉源植物，6—8月开花	丰富	丰富
毛水苏	黑龙江、辽宁、吉林等	6—8月开花	丰富	少量
女贞	长江流域和南部各省份	6—7月开花，花期约30天，泌蜜20天	丰富	丰富
漆树	陕西、甘肃、河南、湖北、四川等	夏季蜜粉源植物，6—7月开花，在秦岭山区和陇山山区6月上旬至6月下旬	丰富	少量

（续）

植物名称	主要分布区	开花时间	泌蜜情况	泌粉情况
乌柏	浙江、四川、湖北、湖南、贵州、云南、福建、江西、安徽、广东、广西等	南方夏季主要蜜粉源植物，6月上旬至7月中旬开花	丰富	丰富
无患子	南方大部分地区	6—7月开花	丰富	少量
向日葵	黑龙江、吉林、辽宁、内蒙古、陕西、山西、河北、新疆、甘肃等	秋季主要蜜粉源植物，主花期为7月中旬至8月中旬开花	丰富	丰富
小檗	云南、四川、西藏、贵州、湖北等	夏季蜜粉源植物，6—7月开花	丰富	丰富
芝麻菜	宁夏、陕西、甘肃、山西、青海、新疆等	夏季主要蜜粉源植物，6—7月开花	丰富	丰富
紫苏	全国各地广泛栽培，其中陕西、宁夏、甘肃、黑龙江等地较多	秋季蜜粉源植物，黄河以北7月下旬至8月下旬开花，长江以南8月中旬至9月下旬开花	丰富	丰富
薄荷	南北各地均有栽培，江苏、安徽、浙江等地面积最大	野生薄荷7—9月开花，江苏北部一年开花2次，第1次在7月，第2次在9月	丰富	少量
大蓟	山东、浙江、江苏、江西、福建、广东、广西、湖南、湖北、四川、陕西等	夏秋季优良蜜粉源植物，7—8月开花	丰富	丰富
当归	陕西、甘肃、四川、湖北等	7—8月开花	丰富	丰富
党参	河南、陕西、山西、甘肃、宁夏、河北、内蒙古、四川、黑龙江、吉林、辽宁等	秋季优良蜜粉源植物，7月下旬至9月开花	丰富	丰富
椴树	黑龙江、吉林、辽宁等	紫椴为东北夏季主要蜜粉源植物，6—7月开花；糠椴花期比紫椴迟7天左右	丰富	丰富
胡枝子	辽宁、黑龙江、吉林、内蒙古、河南、河北、山西等	东北7月中下旬至8月中下旬开花，开花泌蜜期20多天	丰富	少量
槐树	华北、西北、西南、华中及辽宁、山东、安徽、江苏等	北方夏秋季蜜粉源植物，7—8月开花	丰富	丰富

（续）

植物名称	主要分布区	开花时间	泌蜜情况	泌粉情况
黄连	四川、贵州、湖南、湖北、浙江、陕西南部等	7月开花	丰富	少量
茴香	内蒙古、甘肃、宁夏、陕西、山西等	北方夏季蜜粉源植物，一般7—8月开花，陕西淳化6月下旬至7月下旬，内蒙古乌兰察布市7月下旬至8月下旬	丰富	丰富
柳兰	黑龙江、吉林、辽宁、内蒙古、河北、山西、陕西、青海、新疆、四川、云南等地	夏季蜜粉源植物，7—8月开花	丰富	少量
棉花	新疆、河北、河南、山东、江苏、湖北等	7—9月开花，40天左右	丰富	少量
牛至	新疆、甘肃、陕西、河南及长江以南各省份等	秋季蜜粉源植物，新疆7月中旬至8月中下旬开花，云南8月上旬至9月上旬	丰富	少量
荞麦	华北、西北、西南、东北	秋季主要蜜粉源植物，黑龙江8月上旬开花，辽宁、内蒙古、陕北、宁夏、甘肃8月中旬开花，河北8月下旬，山东、江西9月初，湖北9月中下旬，广东、广西10月上旬，云南早荞7—8月、晚荞9—10月	丰富	丰富
瑞苓草	西藏、四川、甘肃、青海、陕西、河南等	青藏高原东部秋季优良蜜粉源植物，7—9月开花	丰富	丰富
微孔草	西藏、青海、甘肃、四川、云南等	青藏高原夏秋季蜜粉源植物，7—8月开花	丰富	丰富
悬钩子	全国各地，南部、西南部最多	秋季主要蜜粉源植物，7—8月开花	丰富	丰富
益母草	内蒙古、河北、陕西、山西等	7—8月开花	丰富	丰富
芝麻	黄河及长江中下游	一般5—9月开花，早的6—7月，晚的7—8月，花期长30余天	丰富	丰富

（续）

植物名称	主要分布区	开花时间	泌蜜情况	泌粉情况
桉树	福建、广西、广东、云南、贵州、四川、海南、浙江、台湾等	大叶桉9月上旬至10月下旬开花；小叶桉海南、广东、云南5—6月；蓝桉10月中旬至翌年1月上旬；柠檬桉8—9月第1次开花，11月至翌年3月第2次开花；斜脉叶桉7—9月开花	丰富	丰富
补血草	山东、辽宁、河北、江苏、福建、广东等	8—9月开花	丰富	丰富
黄芪	东北、华北及甘肃、四川等	8—9月开花	丰富	丰富
蓝花子	云南、贵州、广东、四川、广西等	春季或秋季主要蜜粉源植物，春蓝花子2—3月开花，秋蓝花子8—9月开花	丰富	丰富
蓼	水蓼除西南、西北外各地区均有，红蓼全国各地均有，蓼子草分布于长江中下游各省份	水蓼9—10月开花，红蓼8—9月开花，蓼子草10—11月开花	丰富	丰富
栾树	黑龙江、吉林、辽宁、河南、河北、湖南、湖北、广东、广西、福建、台湾等	8—9月开花	丰富	丰富
米团花	西藏、云南、四川等	秋季优良蜜粉源植物，8—10月开花	丰富	丰富
沙打旺	华北、东北、西北、华东等	北方秋季蜜粉源植物，8—9月开花	丰富	丰富
田菁	广东、浙江、江苏、山东、福建、台湾等	秋季蜜粉源植物，8—9月开花	丰富	丰富
盐肤木	长江以南各省份	南方丘陵山区秋季蜜粉源植物，8—9月开花	丰富	丰富
大花菟丝子	云南、西藏等	西南秋季蜜粉源植物，9—10月开花	丰富	丰富
鹅掌柴	福建、台湾、广东、广西、海南、云南等	冬季主要蜜粉源植物，10月至翌年1月开花	丰富	丰富
鸡骨柴	西藏、四川、云南、贵州、广西、湖北等	秋季蜜粉源植物，9—10月开花	丰富	丰富

（续）

植物名称	主要分布区	开花时间	泌蜜情况	泌粉情况
柴荆芥	河北、北京、内蒙古、山西、陕西、辽宁、甘肃、河南等	晚秋重要蜜粉源植物，河北9月开花，北京市郊10月开花	丰富	少量
香薷	除新疆和青海外遍及其他各省份	秋季优良蜜粉源植物，北方9—10月开花，南方10—11月开花	丰富	丰富
野草香	云南、贵州、四川、湖北、湖南、广西、陕西、河南等	南方丘陵山区晚秋重要蜜粉源植物，9—10月开花	丰富	少量
野菊	长江中下游、黄河中下游各省份	黄河流域9—10月开花，长江流域10—11月开花	丰富	丰富
一枝黄花	华东、西南、华中	9—10月开花	少量	丰富
枇	北至秦岭淮河，南至海南省，从台湾到西藏广大丘陵山区均有分布	冬季优良蜜源植物，大部分品种为11月至翌年2月开花	丰富	丰富
枇杷	安徽、江苏、浙江、福建、广东、广西、江西、湖南、湖北、贵州、云南、四川等	冬季主要蜜粉源植物，安徽、江苏、浙江11—12月开花，福建11月至翌年1月	丰富	较多
野坝子	云南、四川、广西、贵州等	西南山区主要秋、冬蜜粉源植物，四川西昌、凉山为10月中旬至11月下旬开花，云南楚雄、大理、昆明为10月下旬至12月上旬	丰富	少量
油茶	福建、浙江、安徽、台湾、江西、湖北、湖南、广东、广西、海南、四川、贵州、云南等	南方晚秋主要蜜粉源植物，绝大多数10—11月开花，也有少数延续到翌年1—2月	丰富	丰富
鬼针草	全国大部分地区	大部分地区8—11月开花，个别地区一年四季都开花	丰富	丰富
佩兰	河北、山东、江苏、广东、广西、四川、贵州、云南、浙江、福建	7—9月开花	丰富	丰富
柴胡	吉林、辽宁、河北、河南、山东	7—9月开花	丰富	丰富

（续）

植物名称	主要分布区	开花时间	泌蜜情况	泌粉情况
溲疏	湖北、山东、山西、河北、陕西、内蒙古、辽宁等省份	华北地区4月下旬至5月上旬开花，花期20天左右，东北地区6月上旬至中旬开花	丰富	丰富
合欢	华南、华东及河南、河北、陕西等地	广西6—7月开花，湖南6月中旬，华北5—6月开花	丰富	丰富
西瓜	全国各地	5—6月开花	丰富	少量
萝卜	全国各地	1—6月开花	丰富	少量
荠菜	全国各地	北京地区3—5月开花，东北地区花期4—5月	少量	丰富
绣线菊	黑龙江、吉林、辽宁、内蒙古、河北	5—6月开花	少量	少量
山桃	山东、河北、河南、山西、陕西、甘肃、四川、云南等地	3—4月开花	少量	少量
山杏	西北、东北、华北和西南等地，以西北、华北较多	四川2月中旬开花，山东3月中旬，新疆4月上旬，花期15天	丰富	丰富
梨	全国各地	4月开花，花期长约20天	丰富	丰富
金樱子	华东、华中、华南、西南及台湾	云南4月中旬开花，广西5月中旬，花期25天	丰富	丰富
委陵菜	黑龙江、吉林、辽宁、内蒙古、河北、山西、陕西、甘肃、山东、河南、江苏、安徽、江西、湖北、湖南、台湾、广东、广西、四川、贵州、云南、西藏	黑龙江5—6月开花，青海6—7月	丰富	丰富
山楂	东北、华北，以及江苏等省份，以东北、华北最多	5—6月开花，花期20天	丰富	丰富
火棘	西南、华中各地及陕西、江苏、浙江、福建、广西	花期随纬度北移而延迟，3月至4月或5月开花，单花开2~3天，全花约17天	丰富	丰富
石楠	西南、华中、华东、华南及台湾、陕西、甘肃等地	4—5月开花	丰富	丰富

（续）

植物名称	主要分布区	开花时间	泌蜜情况	泌粉情况
君迁子	山东、辽宁、河南、河北、山西、陕西、甘肃、江苏、浙江、安徽、江西、湖南、湖北、贵州、四川、云南、西藏等	5—6月开花	丰富	丰富
榆树	东北、西北至华东，以华北最多	3—4月开花	少量	少量
楸树	河北、河南、山东、山西、陕西、甘肃、江苏、浙江、湖南	4—6月开花	丰富	丰富
紫穗槐	全国各地，以华北较多	5月中旬至6月中旬开花，花期30～40天	丰富	丰富
皂荚	南北各省份	5月开花	丰富	少量
沙棘	西南地区	4—5月开花	丰富	无
油桐	秦岭以南各省份	3—4月开花	丰富	丰富
刺五加	黑龙江、吉林、辽宁、河北和山西	5—6月开花	丰富	丰富
马鞭草	山西、陕西、甘肃、江苏、安徽、浙江、福建、江西、湖北、湖南、广东、广西、四川、贵州、云南、新疆、西藏	6—8月开花	丰富	少量
夏至草	黑龙江、吉林、辽宁、内蒙古、河北、河南、山西、山东、浙江、江苏、安徽、湖北、陕西、甘肃、新疆、青海、四川、贵州、云南等地	3—4月开花	丰富	少量
黄花蒿	全国各地	8—10月开花	无	丰富
葎草	除新疆、青海外，南北各省份均有分布	7—8月开花	少量	丰富
甘菊	吉林、辽宁、河北、山东、山西、陕西、甘肃、青海、新疆、江西、江苏、浙江、四川、湖北及云南	9—10月开花	丰富	丰富

（续）

植物名称	主要分布区	开花时间	泌蜜情况	泌粉情况
锦鸡儿	东北、华北、华东及河南、甘肃南部	陕西4—5月开花，河北4月中旬，黑龙江5月中旬	丰富	少量
山葡萄	黑龙江、吉林、辽宁、河北、山西、山东、安徽、浙江	5—6月开花	丰富	丰富
侧柏	除新疆、青海以外，分布于全国各地	4—5月开花	少量	丰富
核桃	黑龙江、辽宁、天津、北京、河北、山东、山西、陕西、宁夏、青海、甘肃、新疆、河南、安徽、江苏、湖北、湖南、广西、四川、贵州、云南和西藏等	3—4月开花	少量	丰富
马齿苋	全国各地	山西5—7月开花，新疆6—7月开花，浙江5—6月开花	丰富	丰富
连翘	河北、山西、陕西、山东、安徽西部、河南、湖北、四川	4—5月开花	丰富	丰富
梭梭树	甘肃、内蒙古、青海、新疆	6—7月开花	丰富	丰富
五味子	东北、华北及湖北、湖南、江西、四川等	5—6月开花	丰富	丰富
麻黄	辽宁、内蒙古、河北、河南、山东、陕西、新疆等地	新疆5至6月上旬开花	丰富	丰富
瓦松	全国大部分地区均有分布，以长江中下游各地为多	花期因分布地域不同而异，花期长30天左右	丰富	少量
沙拐枣	我国西北地区大量分布	7—8月开花	丰富	丰富
黄杨	全国各城市均有观赏栽培	3—4月开花	丰富	丰富
槭叶悬铃木	从北至南均有种植，以上海、杭州、南京、徐州、青岛、九江、武汉、郑州、西安等城市种植的数量较多	4—5月开花	丰富	丰富
梧桐	贵州、云南、四川、广东、福建、浙江、江西、湖南、湖北、江苏、安徽、山东、山西、河南、河北、甘肃等地	7月开花	丰富	丰富

（续）

植物名称	主要分布区	开花时间	泌蜜情况	泌粉情况
李	全国各地，以广东、广西、云南、四川、贵州、湖南、湖北、河南、河北、山西为多	南方 1—3 月开花，北方 4—5 月	丰富	丰富
黄檗	广西、浙江、湖北、四川、贵州、云南等	5—6 月开花，花期 25 天左右	丰富	少量
三角枫	长江流域各地，及长江流域以南地区	3—4 月开花，开花泌蜜期 20 天左右	丰富	丰富
梓树	广西、贵州、云南、四川、甘肃、陕西、湖北、湖南、安徽、江苏等地均有种植	5—6 月开花，开花 20 天	丰富	少量
香蕉	福建、台湾、广东、广西、云南等地	冬季极少开花，其余季节均开花，花期长	丰富	少量
棕榈	秦岭以南各地	广西 4 月开花，华东地区 5 月	丰富	丰富
玉米	全国各地	春、夏、秋三季均有花开	少量	丰富
鸭脚木	广西、广东、福建、江西、湖南、湖北、贵州、四川、云南等地	广东 12 月开花，广西 11 月，福建 11 月中旬至 12 月中旬，云南 12 月中旬至翌年 1 月中旬，四川 10 月中旬至 11 月中旬，湖北 9 月	丰富	少量
冬瓜	全国各地	5—8 月开花	丰富	丰富
野豌豆	全国各地	广西、贵州 3 月上旬开花，云南 4 月中旬，湖南、湖北、安徽、江苏、山东 5 月中下旬，开花泌蜜期 25～30 天	丰富	少量
稠李	山东、陕西、河北、山西、甘肃、黑龙江等地	5—6 月开花，开花约 25 天	丰富	丰富
凤仙花	全国大部分地区均有分布，广西、云南、江苏等地较多	7 月中旬初花，8 月上旬至 9 月上旬、中旬为泌蜜高峰，花期约 60 天	丰富	丰富
米碎花	广西、广东、福建、江西、湖南、台湾、云南等	11—12 月开花	丰富	丰富

（续）

植物名称	主要分布区	开花时间	泌蜜情况	泌粉情况
海岛棉	云南、四川、广东、福建等	始花期一般 7 月 15 日左右，8 月下旬至 9 月结束，泌蜜期长达 40 天，有些地区可达 60 天	丰富	少量
白三叶草	西南、西北、东北地区分布较多	主花泌蜜期为 4 月下旬至 5 月下旬，贵阳花期在 3 月下旬至 6 月中旬，云南在 4 月中旬，新疆和东北地区 6—8 月	丰富	丰富
黄鹌菜	全国各地，田野、路旁、荒地及住宅四周	6—8 月开花，开花泌蜜期 20 天左右	丰富	丰富

成熟蜂蜜生
产技术总结

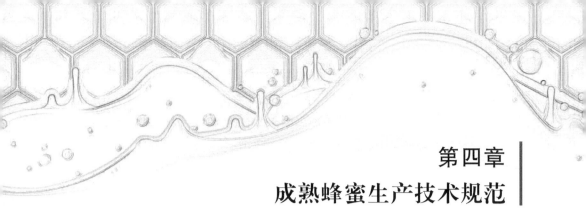

第四章
成熟蜂蜜生产技术规范

1　范围

　　成熟蜂蜜生产技术规范（以下简称：规范）规定了全国范围内成熟蜂蜜生产的条件、蜂群管理、生产工具、采收、质量安全、蜂蜜的包装、标识、运输、储存等方面的要求。

　　本规范适用于采用活框饲养方式生产成熟蜂蜜的西方蜜蜂蜂场。

2　规范性引用文件

　　下列文件中的相关要求适用于本规范，凡是注日期的引用文件，仅所注日期的版本适用于本规范。凡是不注日期的引用文件，其最新版本（包括所有的修改单）适用于本规范。

　　GB 3095　环境空气质量标准

　　GB 14963—2011　食品安全国家标准　蜂蜜

　　GH/T 18796—2012　蜂蜜

　　NY/T 5027　无公害食品　畜禽饮用水水质

3　术语和定义

　　下列术语和定义适用于本规范。

3.1　花蜜

　　植物花或叶等部位分泌的含糖液体，蜜蜂采集这些含糖液体用来酿制蜂蜜。

3.2　稀蜜（不成熟蜜）

　　稀蜜（不成熟蜜），是蜜蜂采回的花蜜未经蜜蜂充分酿造的未成熟蜂蜜。这种蜜，水分含量高，常温下储存易发酵，易酸败。

3.3　成熟蜂蜜

　　成熟蜂蜜，是指蜜蜂采集植物的花蜜或蜜露，与蜜蜂自身分泌物混合后，经蜜蜂充分酿造而成的天然甜物质，蜜蜂将其存储在蜂巢的蜂房中，并用蜂蜡将其密封，这些封了蜡盖的蜂蜜在蜂房内继续转化，使其水分含量达到18%以下，蔗糖含量5%以下，葡萄糖和果糖总量达到75%以上，在常温、避光、干燥环境及密封容器中不发酵变质的纯天然蜂蜜。

3.4 巢框

用木头或食品级塑料制作成的用于安装巢础的框架。

3.5 巢础

巢础是人工用蜂蜡或食品级塑料压制成的蜜蜂巢房的房基，供蜜蜂筑造巢房巢脾的基础。

3.6 巢脾

由蜜蜂用蜂蜡筑造，双面布满六角形巢房的脾子。在现代养蜂中，为了管理方便，一般是把巢础安装在巢框中，然后把带有巢框的巢础放到蜂群中，让蜜蜂在带巢框的巢础上建造巢房，用于蜜蜂储存蜂蜜、花粉、繁殖后代及日常生活。

3.7 巢房

蜜蜂用蜂蜡建造的六角形蜡房，是组成巢脾的单位。数千个巢房组成一个巢脾，蜜蜂用于繁育后代、储存蜂蜜、储存花粉及日常生活。

3.8 蜂巢

由多个巢脾组成的蜜蜂的蜂窝。

3.9 蜂箱

供蜜蜂建造蜂巢的箱子。

3.10 蜜脾

装有花蜜、不成熟蜜、成熟蜂蜜的巢脾。

3.11 封盖蜜脾

封了蜡盖的蜜脾。

3.12 蜂群

由一只蜂王或多只蜂王，上万只工蜂和数量不等的雄蜂组成的群体。

3.13 蜂场

由多个蜂群组成的养蜂场所。

3.14 巢箱

蜂群的最下面的一个蜂箱。

3.15 继箱

蜂群巢箱上面的其他蜂箱。

3.16 浅继箱

比常规用的继箱高度矮的继箱。

3.17 两箱体

巢箱加一个继箱。

3.18 多箱体

巢箱加两个及两个以上继箱。

3.19 框蜂

蜜蜂爬满一个巢脾的蜂数。

3.20 群势

蜂群中蜜蜂的数量。

3.21 蜂种

蜜蜂的品种。

3.22 适龄采集蜂

适合外出采集的工蜂。

3.23 笼蜂

把蜜蜂、蜂王及蜜蜂饲料，装进没有巢脾的特制笼中运输的蜂群。

3.24 回蜂

蜂群移动后，蜜蜂又飞回到原来放蜂箱的位置。

3.25 主要蜜源植物

分布面积大、开花流蜜期长、花蜜丰富，可供蜜蜂大量采集花蜜的植物。

3.26 辅助蜜、粉源植物

花蜜量不太大，能被蜜蜂采集花蜜或花粉的植物。

3.27 有毒蜜源植物

植物的花蜜会造成蜜蜂或人畜中毒的蜜源植物。

3.28 大流蜜期

主要蜜源植物集中开花流蜜，蜜蜂能大量采集花蜜的时期。

4 生产条件

4.1 生产环境

4.1.1 蜂场周围空气质量符合 GB 3095 中环境空气质量功能区二类区要求。

4.1.2 蜂场场址应选择在远离马路、地势高燥、背风向阳、排水良好、比较安静、小气候适宜的场所。

4.1.3 蜂场附近应有供蜜蜂采集的良好水源，水质符合 NY/T 5027 中幼畜禽饮用水水质。

4.1.4 蜂场周围 10 千米范围内无土壤污染，无以蜜、糖为主要生产原料的食品厂、化工厂，无农药厂及喷洒农药的果园和农田。

4.1.5 蜂场工作人员应每年进行一次健康检查，患有传染病的人员禁止从事蜂产品生产。

4.1.6 采收蜂蜜应集中在卫生消毒过的洁净室内进行。

4.1.7 采收及储存蜂蜜的设备、器具，在使用前，清洗消毒，晾干后使用。

4.2 蜜粉源

4.2.1 定地蜂场，3 千米范围内，应具备荔枝、龙眼、咖啡、橡胶、乌桕、桉树、油菜、苹果、刺槐、枣花、荆条、椴树、五倍子、胡枝子等 2 种以上主要蜜源植物及种类较多、花期不一的辅助蜜粉源植物。蜜源不足的，可以种植蜜源植物，也可以定地结合转地养蜂。

4.2.2 半径 10 千米范围内存在有毒蜜源植物的地方，有毒蜜源植物开花期，不得放蜂采蜜。

4.3 气候

适宜蜜蜂繁殖、生活和采集的气候。

4.4 蜂种

选用抗病性强、抗逆能力强，采集能力强，繁殖力强、能维持强群的蜂种，选能适合当地饲养的蜂种。

4.5 蜂群

弱群用于繁殖，强群多箱体采蜜。蜂群长年蜂蜜、花粉饲料充足，健康无病。

4.6 养蜂机具

巢箱、标准继箱、浅继箱、隔王板、活动箱底、巢框、巢础、起刮刀、割蜜刀、喷烟器、蜂帽、蜂扫、叉车、手推车、吊机、秤、吹风机、脱蜂板、割蜡盖机、离心机、辐射式摇蜜机或者全自动割蜜摇蜜榨蜡一体机、糖量检测仪、除湿机、风扇、托盘、滤蜜器、储蜜容器、运输车、车间等。

5 蜂群管理

5.1 繁殖越冬蜂

5.1.1 撤掉储蜜继箱，给蜂群留足饲料蜜脾。

5.1.2 合并弱群，或以强补弱，使每个蜂群达到 8 框蜂左右最佳繁殖群势。

5.1.3 更换老劣蜂王。

5.1.4 蜂群彻底治螨。

5.1.5 花粉不足的补充饲喂当年的新鲜优质花粉。

5.1.6 给蜂群提供足够的产卵用脾，继箱不用隔王板。

5.1.7 减少开箱，缩小巢门，严防盗蜂。

5.2 蜂群越冬管理

5.2.1 白天最高温度 14℃ 左右的时候，抽出多余的空脾、蜜脾，提走多余蜂王另外储存，为调整合并蜂群做好准备。

5.2.2　根据蜂群群势，相邻的两群合并成一群，或相邻的三群、四群合并成一群，每群合并成 16 框蜂左右的强群。蜂群总数量剩下 40% 左右。

5.2.3　群势 18 框蜂左右的蜂群，用四箱体越冬，群势 16 框蜂左右的蜂群，用三箱体越冬。最下面巢箱，不放巢脾，为空箱体。下面第二层蜂箱，放 8 张少半蜜脾。第三层蜂箱，放 4 张大蜜脾，中间放 2 张带花粉的半蜜脾及 2 张半蜜脾。第四层最顶层蜂箱，放 4 张大蜜脾及中间放 4 张带花粉的半蜜脾或 2 张半蜜脾。蜂路放宽至 15 毫米～20 毫米。不要隔王板。如果是三箱体越冬，无下面第二层箱体。

5.2.4　蜂群架高离地面 20 厘米～30 厘米，以免冬雪堵住巢门、雨雪水浸湿蜂箱。把蜂箱箱体、箱盖及架子固定好，以免狂风吹翻箱盖或蜂箱。

5.2.5　合并后的蜂群，在同一蜂场尽量不要移动，避免气温高时出现"回蜂"。

5.2.6　冬季气温 −25℃ 以上的地方，不给蜂群保温。气温 −25℃ 以下的地方，可以在蜂群蜂箱外适当添加保温物。

5.3　蜂群春季管理

5.3.1　在当地植物即将开花之前，在气温 12℃ 以上时，快速检查蜂群情况，撤除最下层空巢箱。抽出蜂群内数量不多的子脾及多余空脾。调整蜜粉脾，保证巢内饲料充足，花粉不足的，补充饲喂优质花粉。彻底治螨。

5.3.2　根据蜂王数量及蜂群群势，将蜂群调整成 8 框蜂左右群势，单王繁殖。

5.3.3　气温回升到 20℃ 以上，百花盛开，群势上升，可以用储备蜂王或购入新蜂王，或在当地适当时期培育新的蜂王，从群势超过 8 框蜂以上的蜂群中，提出多出 8 框蜂的那部分蜜脾及子脾，组成新的 8 框蜂新蜂群，继续繁殖，扩大蜂群数量。

5.3.4　如果当地有流蜜比较好的大宗蜜源，流蜜期到来之前，可以采用"主副群"方法，使主群群势达到 16 框～25 框蜂群势，组成"采蜜群"。也可以两个 16 框蜂左右蜂群，组成"品"字形采蜜蜂群。也可以购买蜂群或笼蜂，把蜂群强化成 25 框蜂"采蜜强群"，直接采蜜。

5.3.5　根据蜂群进粉进蜜情况及繁殖情况，适时加继箱，扩大蜂巢。

5.3.6　根据当地情况，适时培育新的蜂王，更换越冬老王。

5.3.7　根据情况，可以利用"品"字形强群生产蜂蜜、雄蜂蛹和蜂王浆。

5.4　流蜜期管理

5.4.1　采蜜群群势：单王 16 框蜂以上，最好 25 框蜂左右，不用隔王板。双王"品"字形蜂群 32 框蜂以上，最好 40 框蜂左右，可以用隔王板，隔王板之上开上巢门。

5.4.2　根据蜂数及进蜜情况，适时加继箱。加继箱时，以箱体为单位添加，一次加一个装有 8 个空巢脾或巢础的继箱，也可以空脾和巢础混合放，也可以蜜脾和巢础混合放，促进造脾。

5.4.3 当第一个储蜜继箱储蜜 70%～80% 时，在该储蜜继箱之上，添加第二个储蜜继箱。当第二个储蜜继箱储蜜 70%～80% 时，仍在第一个储蜜继箱之上，加第三个储蜜继箱，以此类推。蜂群壮，流蜜量大时，可以一次加两个、三个储蜜继箱。一次加三个储蜜继箱时，可以将其中一个加在蜂群最顶层。

5.4.4 流蜜期不取蜜，一直到主要蜜源流蜜结束之前或转地之前，统一脱蜂取蜜。

5.4.5 流蜜期禁用化学药物给蜜蜂防病治病，患病的蜂群可以换脾换王或销毁。

5.5 夏季管理

5.5.1 夏季应注意加强通风，给蜂群遮阳或选择有树荫的地方摆放蜂箱。禁止将蜂箱摆放在阳光暴晒下的水泥地、石子地等地面之上。

5.5.2 附近没有水源时，在蜂场场地给蜂群喂水。

5.5.3 以箱体为单位，及时给蜂群添加继箱。

5.5.4 根据蜂场需要，随时育王，更换劣质蜂王。

5.6 转地养蜂

5.6.1 事先考察放蜂地蜜源情况，选择好放蜂场地后与当地部门签好协议。转地前做好蜜蜂检疫工作。

5.6.2 转地之前，把蜂群储满蜂蜜的储蜜继箱取下来，放入车间库房，及时处理和取蜜。

5.6.3 转地之前，把强群拆分成两个蜂群，或把强群中一部分蜜蜂装入笼蜂箱辅助运输。到达目的地后再并入原群或组成"品"字形强群采蜜及生产蜂王浆。

5.6.4 转地之前，要固定好巢脾和蜂箱，为加强通风散热，可以在继箱之上再多加一个空继箱，扩大蜜蜂活动空间。

5.6.5 运蜂要在气温不高的夜晚进行，蜜蜂归巢后，关闭巢门，抽掉蜂箱活底托板，打开所有蜂箱通风窗，使蜂群前后上下通风。及时装车起运。到达场地后，及时卸车，待蜂群稳定后打开巢门。避免整晚关闭巢门。路途较近，当晚可以到达的场地，可以开巢门运蜂。

5.6.6 装卸车，尽量使用吊机、叉车、升降手推车等设备，快速装卸蜂箱。尽量减小劳动强度，缩短装运时间。

5.6.7 避免长途运蜂、长时间运蜂。

6 蜂蜜的采收

6.1 当地主要蜜源结束之前，留足蜜蜂所需要的饲料蜜脾，取出其他蜜脾，统一处理取蜜。

6.2 储蜜继箱之下加 1 个或 2 个带空巢脾继箱，在空巢脾继箱之上加脱蜂板，关闭上巢门，脱蜂 24 小时。24 小时后，将脱蜂板之上的储蜜继箱取下，集中运回取蜜车间。

6.3 取蜜车间，用工业大功率除湿机，使室内温度保持 27℃～35℃，空气相对湿度达到 58％以下，打开电扇加速空气流动，连续除湿干燥数日，检测蜜脾中的蜂蜜浓度，在蜂蜜水分达到 17％以下、浓度达到 43 波美度以上，达到需要的浓度后，开始割盖取蜜。

6.4 用全自动割蜜、摇蜜、榨蜡一体机取蜜。蜜脾量不大时，也可以手工割去蜜脾蜡盖，再利用小型辐射式电动摇蜜机摇出蜜脾中的蜂蜜。高浓度的蜂蜜蜜脾，以及蜡盖之上附着的蜂蜜，可以利用高速离心机分离蜂蜜。

6.5 取出的蜂蜜，用带滤网的高速离心机过滤蜂蜜。没有高速离心机时，也可以将粗滤后的蜂蜜装入储蜜容器，密封，27℃～35℃下，静置数日，然后打开储蜜容器下面的出蜜口，放出静置过的干净蜂蜜。有杂质的蜂蜜再过滤后另外储存。

6.6 取样检测蜂蜜相关指标，密封，贴上相应标志标签，入库，储存备用。

6.7 车间、工具、设备、容器，都要事先用紫外线杀菌，清洁卫生。工作人员要符合健康卫生要求。

7 包装、标志、运输、储存

成熟蜂蜜的包装、标志、运输、储存应符合 GH/T 18796—2012 的规定。

8 成熟蜂蜜的质量安全

成熟蜂蜜的质量安全应符合 GB 14963—2011 的规定。

第五章
成熟蜂蜜生产质量保障措施

浓缩蜂蜜、抗生素蜜、掺假蜂蜜、指标蜜危害人类健康。这些不合格蜂蜜，破坏了蜂蜜作为纯天然产品的形象，辜负了诚实养蜂人的努力，损害了消费者的利益，威胁到养蜂业发展，威胁到蜜蜂的生存，危害到食品安全、粮食安全及生态平衡可持续发展。

国际养蜂工作者协会蜂联合会（以下简称国际蜂联）称，生产稀蜜、浓缩蜂蜜，是一种欺诈行为，是故意犯罪，是通过销售不合格的产品获取经济利益的行为。

国际蜂联表示，采用以下方式生产的蜂蜜，均可认为是造假：

（1）将不同种糖浆掺入蜂蜜，如玉米糖浆、甘蔗糖、甜菜糖、大米糖浆、小麦糖浆等。

（2）生产未成熟蜂蜜，利用设备（包括但不限于真空浓缩机）浓缩蜂蜜。

（3）用离子交换树脂等为蜂蜜脱色。

（4）掩盖或错误标识蜂蜜的蜜源或地理信息。

（5）在流蜜期人工饲喂蜜蜂。

1. 签订《成熟蜂蜜质量保证书》及购销合同

要选择人品好、不弄虚作假、愿意按照成熟蜂蜜生产规定生产成熟蜂蜜的养蜂人合作，签订协议，签订《成熟蜂蜜质量保证书》及购销合同。要让养蜂人严格要求自己，从我做起，从源头做起，决不生产伪劣蜂蜜；否则，甘愿承担道义谴责及相应法律制裁。

2. 成熟蜂蜜生产技术培训

对签订《成熟蜂蜜质量保证书》的人员，进行成熟蜂蜜生产技术培训，熟练掌握成熟蜂蜜生产要点及相关技术。并定期进行技术交流。

3. 提供储蜜继箱等生产设备

签完合同后，可以根据养蜂人的蜂群数，为其提供配套的储蜜浅继箱。浅继箱装满蜂蜜并封盖成熟后，及时收回处理取蜜（图5-1、图5-2）。

图5-1　提前准备足够量的浅继箱（1）

（刘富海　摄）

提前准备足
够量的继箱

图5-2　提前准备足够量的浅继箱（2）

（刘富海　摄）

4. 养蜂场地安装无线监控设备

为蜂场安装无线 WiFi 监控设备，通过手机实现远程全方位对蜂场进行监控，为蜂场的安全带来方便，同时也为了解蜂场动向提供方便。

5. 不定期巡查检测蜂群中蜜脾蜂蜜情况

流蜜期生产季节，经常到蜂场不定期巡查，并对当地蜜粉源情况、蜂群进蜜情况等进行了解，对蜂群中的蜂蜜进行中期抽检，掌握蜂场蜂蜜生产中相关情况。

6. 流蜜期结束之前统一脱蜂

在流蜜期结束之前，给蜂场的蜂群统一安放脱蜂板脱蜂，或用吹风机脱蜂。

7. 及时收回装满蜂蜜的储蜜继箱或浅继箱

从蜂群上取下脱完蜂的继箱或浅继箱，称重，标识，运回工厂。

8. 统一干燥处理蜜脾

运回工厂的储蜜继箱或浅继箱蜜脾，放在大小合适的屋子内，打开通气窗，打开电扇加大空气流通速度。或用大功率除湿机，除去室内湿气，相对湿度降到58%以下，保持室内干燥，干燥数日后，检测蜜脾中蜂蜜浓度，达到43波美度以上，达到所需浓度后，割蜡盖取蜜。

9. 及时取蜜

取蜜车间、取蜜机械、容器等，事先清洗杀菌消毒，及时割蜡盖、摇蜜、榨蜡、过滤、装桶。

10. 抽样、留样、严格检测蜂蜜质量

摇出装桶的蜂蜜，按批次取样、留样，严格检测相关指标。

11. 贴标封存备用

每桶蜂蜜，检测合格的，贴上标识标签，封存备用。标签要详细填写相关蜂蜜信息，通过标签能追溯到养蜂人、蜜源植物、蜂场的地理位置、生产日期、蜂蜜重量、浓度、酶值等重要指标。保存保留全部生产过程记录档案及样品，以便日后复查。

12. 发现质量有问题，视情节轻重进行处罚

一旦发现有质量问题，要查清问题所在，如果是人为故意造成的，应追究其相应责任。

第六章
保护蜜蜂　保护生态

　　蜜蜂、熊蜂、无刺蜂、蝴蝶、蓟马、甲虫、鸟类等都能给植物花朵传花授粉，它们对植物的授粉不只对花朵本身有益，对整个生态、对人类，都有不可低估的影响。通过它们为植物传花授粉，不仅保证了植物的生存、进化、繁衍，而且还养活了人类及其他生物，直接和间接推进了自然的演化，甚至改变了自然演化的方向。

　　美国农业部的数据显示，传粉动物参与生产了养活全球 1/3 人口的粮食；传粉动物 85％ 以上的授粉是蜜蜂完成的。因此，蜜蜂对粮食和果实的生产贡献巨大。

　　蜜蜂的授粉作用，不仅可以增加果实产量，还可以改善果实和种子品质、提高其后代的生命力，有利于生态环境的改善和保障人们的身体健康。因此，蜜蜂授粉的经济效益十分显著、生态效益十分深远。但是，近几十年来，由于农业集约化、规模化、现代化发展，城镇乡村的植被、作物品种等都发生了很大变化，蜜源植物显著减少，杀虫剂和除草剂广泛使用，致使蜂群外勤蜂数量锐减，蜜蜂的采集、传粉、生存受到严重威胁，人类赖以生存的自然生态环境也受到严重威胁（图 6-1）。

蜜蜂农药中毒

图 6-1　使用除草剂，蜜蜂中毒，死亡严重

（刘富海　摄）

　　近几年，中国很多地方蜂群养不起来，蜂群群势很难超过 16 框蜂，就是因为蜂群中采集蜂大量死亡，蜂群中留下的基本是 20 日龄以内的内勤蜂。

　　如果没有杀虫剂及除草剂中毒，蜂群采集蜂都正常存在，一个正常蜂群的群势应该在 25 框蜂以上。可是现在的蜂群，繁殖一年也很难超过 16 框蜂，每年大约有 45% 的蜜蜂神秘失踪，有的甚至全群集体失踪。神秘失踪的蜜蜂主要是采集蜂。

　　蜂群没有了采集蜂，有花也采不到蜜。很多养蜂人感觉，这几年植物开花不错，就是不怎么流蜜。其实与采集蜂减少有很大关系。这种现象，并非中国独有，在很多国家都早已出现，已经成为全球现象（图 6 - 2）。

图 6 - 2　农药是蜜蜂消失的重要原因

（林乔平　供）

　　气候变化、环境污染、栖息地丧失、蜜源植物减少、病原体侵害、杀虫剂、除草剂广泛使用等诸多因素都有可能导致蜜蜂减少。

　　在诸多因素中，最关键的是杀虫剂和除草剂对蜜蜂的伤害。研究人员发现，人类使用的杀虫剂和除草剂，正在成为蜜蜂致命的杀手。杀虫剂和除草剂杀死蜜蜂有多种方式，一是直接杀死蜜蜂；二是导致蜜蜂神经紊乱不能归巢；三是改变蜜蜂的多种行为方式，让其觅食困难和难以躲避天敌而死亡；四是改变植物生理，使植物开花不流蜜或流蜜量显著减少，致使蜜蜂采不到足够的蜜，蜜蜂饥饿劳累而死。

　　农药种类很多，像氟虫腈，被认为是高效、低毒、低残留农药。据厂家说，正确使用对哺乳动物没有不良影响，对作物无药害，对蚜虫、叶蝉、飞虱、鳞翅目幼虫、蝇类和鞘翅目等重要害虫有很高的杀虫活性，而且持续效果时间长。但是，氟虫腈对蜜蜂有剧毒，仅仅微量接触，就会导致蜜蜂整箱死亡。

　　康诺林等（2013）发现，一些杀虫剂，在达到环境相关浓度时会造成蜜蜂大脑神经功能失常。例如，新烟碱和有机磷酸酯是已被发现影响蜜蜂中枢神经系统中神经信号传递的两类杀虫剂。在实地研究时，康诺林等（2013）获得了来自蜜蜂大脑中神经元的全部细胞记录，发现在农业生产中两种广泛使用的杀虫剂"吡虫啉"和"噻虫胺"通过激发新烟碱受体来损害神经元的可激发性。当这种情况发生后，蜜蜂的行为变得古怪起来，甚至会撞死在障碍物上。原因在于，它们的大脑神经指挥中枢和神经信号发生了错乱。

中国科学院西双版纳热带植物园的谭垦研究团队（2015）也发现，吡虫啉能让蜜蜂的定向能力受损，从而让它们的采集频率和成功返回蜂巢的比例下降，也减少了对群体的食物供给。同时，吡虫啉还能改变蜜蜂对糖浓度的反应阈值，减少其对高质量食源的舞蹈强度，从而让蜂群的采蜜量减少。

此外，蜜蜂采蜜时，除了考虑食物质量外，还要评估捕食风险，它们一般要避开有危险的食源处觅食，如避开有蜘蛛和螳螂的花朵。但是，吡虫啉扰乱蜜蜂的大脑神经后，则会降低其对天敌的警惕性，前往这些危险地采蜜，结果导致被天敌捕杀。

部分杀虫剂和除草剂，还会改变植物的生长发育结构，轻的导致分泌花蜜的蜜腺不流蜜，造成有花而无蜜可采；重的直接导致植物枯枝，逐渐死亡。

缺乏食物来源，蜜蜂也将渐渐消亡，植物的繁殖力明显降低。如果这样持续下去，当蜜蜂死亡和减少不断扩大，养蜂人无法继续养蜂时，不仅是人类的重大损失，而且更是生态的重大灾难。

联合国对这种默默无闻勤劳工作的小蜜蜂也给予了高度关注，联合国粮食及农业组织（FAO）指出：一旦缺少蜜蜂和其他授粉生物，咖啡、苹果、杏仁、番茄、可可等农产品将几乎绝收。那时候，人们只能依靠大米、玉米和马铃薯等粮食作物为生，由此将会加剧人们的饮食不均衡。气候变化和现代农业对蜜蜂的威胁越来越严重，联合国2017年12月20日研究决定，将每年的5月20日定为"世界蜜蜂日"。敦促各个国家和民众采取更多行动，保护蜜蜂、保护生态（图6-3、图6-4）。

图6-3 联合国宣布每年5月20日为"世界蜜蜂日"

（刘富海 摄）

5·20世界蜜蜂
日宣传活动

图6-4 拯救蜜蜂，保护生态

（刘富海 摄）

在这里提出几个倡议，呼吁保护小生灵蜜蜂：

（1）害虫防治，要采用生物方法综合防控；减少农药使用，不要为了提高作物产量等，而大量喷施可以不使用的药物。植物花期要严禁施用农药，如果必须施用农药，应该在开花之前或花期之后再施用农药，施用农药之前要提前几天告知养蜂户撤离。

（2）禁止使用除草剂，保护生态植被系统，保护土质及水质，保护人类健康。

（3）多种植品种多样的开花植物，美化我们的生活环境，为蜜蜂和其他生物提供丰富的食物。

（4）像养猫、犬那样，在自己力所能及的范围内，用自己的业余时间养几群蜜蜂。我们给蜜蜂一个家，蜜蜂回馈给我们营养丰富的蜜蜂产品。"家养两窝蜂，健康全家人。"

（5）大家要多给养蜂人饲养蜜蜂的空间，让养蜂人有地方养蜂。

（6）我们每天都要吃一些蜜蜂产品，支持养蜂人的工作，让我们的身体更健康。

（7）我们要多宣传蜜蜂相关知识，让蜜蜂对生态的作用、对健康的作用、对我们精神文化的作用家喻户晓。

（8）我们要多建蜜蜂养殖基地、科普基地、研究基地、推广基地、养蜂俱乐部等，让蜜蜂成为我们健康生活的一部分，让我们生活的世界更加美好。

（9）在小学、中学、高中、大学，建小型养蜂场，设养蜂兴趣班，让学生从小了解昆虫、了解蜜蜂、了解相关知识。

（10）政府要加大重视程度，制定强有力的相关措施，把减少杀虫剂及除草剂使用、保护水土、保护植物、保护生态、保护蜜蜂、有计划地多种植开花蜜源植物等列入发展规划，为生态、为民生、为后代造福。

第七章
发展业余养蜂，促进和谐发展

　　饲养蜜蜂，不仅对农林生态具有重要意义，蜜蜂的各种产品对人类的健康也发挥着重要作用。

　　为了推动全民健康，国务院已启动《健康中国行动》，要求从以"治病"为中心向以"健康"为中心转变；从注重"治已病"向注重"治未病"转变；从依靠"卫生健康系统"向"社会整体联动"转变；在行动上努力从"宣传倡导"向"全民参与""个人行动"转变。

　　中国人目前预期平均寿命77岁，健康预期寿命68.7岁，对于每一个人来说都是人生苦短，生命珍贵。

　　除了天灾、人祸、战争，人的死亡99％都是由于疾病引起的，真正自然老死的人很少。营养失衡、病菌感染、炎症、氧化等，引起了分子、血液、细胞、血管、组织病变，引发众多疾病，夺取了一个又一个生命，缩短了我们几十年的寿命。

　　通过业余养蜂，促进健康中国行动。

　　糖尿病、心血管疾病、癌症等重大疾病，都与营养有关，与炎症有关，与氧化有关。人体由60多种元素组成，任何一种元素的缺失或过剩，都会导致相应组织、细胞、分子的改变，引起细胞结构的改变，引发"炎症"。炎症，是分子、血液、血管、细胞组织发生改变的表现，是一种"氧化"现象。发红、发痒、发热、红肿、硬化、化脓、变色等，都是炎症的表现。

　　也就是说，血液的改变、血管硬化、脑梗、心梗、糖尿病一系列并发症、癌症等，都与分子改变有关，与炎症有关，与氧化有关，与营养有关，与病原微生物有关，与生活习惯有关。只要我们没有炎症，没有氧化病变，分子正常、血液正常、细胞正常、组织正常、代谢正常，我们就会很少生病，少花很多治病的钱，少受很多罪，有可能健康地多活几十年。

　　在多种疾病威胁我们健康的年代，自己养几群蜜蜂，坚持吃自己生产的纯正优质蜜蜂产品，补充营养，清热祛火，润肠润肺，使我们的血液正常、细胞正常、组织正常、血管正常、代谢正常、机能正常，开开心心，健健康康地多活几十年。用业余时间，养几窝蜂，既可以陶冶情操，又可以保护环境、节支增收、防病祛病、营养保健，是我们实现美好生活、健康生活的好方法。利国、利民、利己、保护生态，多方受益，快乐人生（图7-1）。

图7-1　家养两窝蜂，健康全家人

（罗婷　摄）

一、养蜂投资少，收益大

一组普通多箱体蜂箱，加上蜜蜂，大概3 000元左右。如果一年生产蜂蜜150千克，蜂王浆2千克，市场价值上万元。这些产品，如果全家人食用，获得健康长寿的价值远远超过数十万元。人生短暂，生命无价，吃自己亲手生产的优质蜜蜂产品，能够健健康康多活几年，是用金钱买不来的。如果条件允许，多养一些蜜蜂，还可以增加收入，补贴生活。业余养蜂，不仅是全家健康的好方法，也是自己以及家人再次"就业""创业""创收"的好方法。

二、城市农村都可以养蜂

我国地大物博，植物众多，只要有花的地方，都可以饲养蜜蜂。广大山区，植被繁茂，是饲养蜜蜂的好地方。当今许多城市种植了品种丰富、数量众多的绿化植物，到处都是野草和花卉，也是饲养蜜蜂的理想之地。城市及其周边地区，一般开花植物比较多，从春天到秋天花朵不断，而且城镇地区打农药次数相对比较少，不使用除草剂，天气稍旱就会浇水，植物生长茂盛，花朵泌蜜量比较大。在城镇及其周边地区饲养蜜蜂，蜂蜜的产量相对更加稳定，蜂蜜产量相对比山区会更高。在城乡及其结合部，发展业余养蜂，

是增加情趣、强身健体、保护生态的好方法
（图 7-2）。

三、男女老少都可养，业余生活情趣多

饲养蜜蜂虽然说是一个技术活，但是掌握蜜蜂生活习性之后，男女老少都可以饲养蜜蜂。空闲之余，看看蜜蜂，吃一些蜜蜂产品，是一种非常惬意的生活。

除了自己饲养蜜蜂之外，再参加一个养蜂俱乐部，蜂友之间相互交流饲养经验，交流保健心得，交流流蜜情况，谈论所见所闻，再到各个蜂场参观学习，生活中增加了无穷的乐趣，比待在家里无所事事强得多（图 7-3）。

图 7-2　业余养蜂，利国利民
（罗婷　摄）

图 7-3　学习养蜂，其乐融融
（罗婷　摄）

四、强身健体

饲养蜜蜂，观察蜜蜂，研究蜜蜂，您会发现蜜蜂王国中有很多神秘神奇的现象，非常值得我们去深究。蜜蜂王国中的很多趣事，值得我们用一生的精力去探究。

除了自己研究观察之外，关键是带上自己的子孙一起观察研究，不仅能够学到很多相关知识，而且有可能真能培养出一个未来的科学家。蜜蜂群体虽小，但能够学的、能够研究的东西真的是太多了（图7-4）。

图7-4 探索蜜蜂王国奥秘
（刘富海 摄）

养蜜蜂的好处有很多，关键是能给我们带来健康、快乐，能使我们长寿。据报道，在世界上十大长寿职业之中，养蜂排名第1位。这与养蜂人营养好、环境好、心情好、吃蜜蜂产品，不容易形成"炎症体质""氧化体质"、不容易生病等有很大关系。

假如您每天都吃一些自己蜂群生产的纯正优质成熟蜂蜜，吃一些自己蜂群生产的优质新鲜花粉，吃一些自己蜂群生产的高活性纯鲜蜂王浆，吃一些自己蜂群生产的抗菌、消炎、抗氧化的纯正蜂胶，您的身体一定会营养正常、代谢正常、没有炎症、没有氧化病变。既免除了生病无钱治，有些病没有好方法治的困扰，又享受了蜜蜂产品的美味，获得了开心、快乐、健康、长寿的机会，还为生态、为社会做出了贡献。这样的生活，岂不是今生梦寐以求的最美最开心的事！

生产成熟蜜
造福为人民

附录 1 中国养蜂管理办法

(中华人民共和国农业部发布)

第一章 总 则

第一条 为规范和支持养蜂行为，维护养蜂者合法权益，促进养蜂业持续健康发展，根据《中华人民共和国畜牧法》《中华人民共和国动物防疫法》等法律法规，制定本办法。

第二条 在中华人民共和国境内从事养蜂活动，应当遵守本办法。

第三条 农业部负责全国养蜂管理工作。县级以上地方人民政府养蜂主管部门负责本行政区域的养蜂管理工作。

第四条 各级养蜂主管部门应当采取措施，支持发展养蜂，推动养蜂业的规模化、机械化、标准化、集约化，推广普及蜜蜂授粉技术，发挥养蜂业在促进农业增产提质、保护生态和增加农民收入中的作用。

第五条 养蜂者可以依法自愿成立行业协会和专业合作经济组织，为成员提供信息、技术、营销、培训等服务，维护成员合法权益。

各级养蜂主管部门应当加强对养蜂业行业组织和专业合作经济组织的扶持、指导和服务，提高养蜂业组织化、产业化程度。

第二章 生产管理

第六条 各级农业主管部门应当广泛宣传蜜蜂为农作物授粉的增产提质作用，积极推广蜜蜂授粉技术。县级以上地方人民政府农业主管部门应当做好辖区内蜜粉源植物调查工作，制定蜜粉源植物的保护和利用措施。

第七条 种蜂生产经营单位和个人，应当依法取得《种畜禽生产经营许可证》。出售的种蜂应当附具检疫合格证明和种蜂合格证。

第八条 养蜂者可以自愿向县级人民政府养蜂主管部门登记备案，免费领取《养蜂证》，凭《养蜂证》享受技术培训等服务。

《养蜂证》有效期三年，格式由农业农村部统一制定。

第九条 养蜂者应当按照国家相关技术规范和标准进行生产。各级养蜂主管部门应当做好养蜂技术培训和生产指导工作。

第十条 养蜂者应当遵守《中华人民共和国农产品质量安全法》等有关法

律法规，对所生产的蜂产品质量安全负责。

养蜂者应当按照国家相关规定正确使用生产投入品，不得在蜂产品中添加任何物质。

第十一条　登记备案的养蜂者应当建立养殖档案及养蜂日志，载明以下内容：

（一）蜂群的品种、数量、来源；

（二）检疫、消毒情况；

（三）饲料、兽药等投入品来源、名称，使用对象、时间和剂量；

（四）蜂群发病、死亡、无害化处理情况；

（五）蜂产品生产销售情况。

第十二条　养蜂者到达蜜粉源植物种植区放蜂时，应当告知周边 3 000 米以内的村级组织或管理单位。接到放蜂通知的组织和单位应当以适当方式及时公告。在放蜂区种植蜜粉源植物的单位和个人，应当避免在盛花期施用农药。确需施用农药的，应当选用对蜜蜂低毒的农药品种。

种植蜜粉源植物的单位和个人应当在施用农药 3 日前告知所在地及邻近 3 000 米以内的养蜂者，使用航空器喷施农药的单位和个人应当在作业 5 日前告知作业区及周边 5 000 米以内的养蜂者，防止对蜜蜂造成危害。

养蜂者接到农药施用作业通知后应当相互告知，及时采取安全防范措施。

第十三条　各级养蜂主管部门应当鼓励、支持养蜂者与蜂产品收购单位、个人建立长期稳定的购销关系，实行蜂产品优质优价、公平交易，维护养蜂者的合法权益。

第三章　转地放蜂

第十四条　主要蜜粉源地县级人民政府养蜂主管部门应当会同蜂业行业协会，每年发布蜜粉源分布、放蜂场地、载蜂量等动态信息，公布联系电话，协助转地放蜂者安排放蜂场地。

第十五条　养蜂者应当持《养蜂证》到蜜粉源地的养蜂主管部门或蜂业行业协会联系落实放蜂场地。

转地放蜂的蜂场原则上应当间距 1 000 米以上，并与居民区、道路等保持适当距离。

转地放蜂者应当服从场地安排，不得强行争占场地，并遵守当地习俗。

第十六条　转地放蜂者不得进入省级以上人民政府养蜂主管部门依法确立的蜜蜂遗传资源保护区、保种场及种蜂场的种蜂隔离交尾场等区域放蜂。

第十七条　养蜂主管部门应当协助有关部门和司法机关，及时处理偷蜂、毒害蜂群等破坏养蜂案件、涉蜂运输事故以及有关纠纷，必要时可以应当事人请求或司法机关要求，组织进行蜜蜂损失技术鉴定，出具技术鉴定书。

第十八条　除国家明文规定的收费项目外，养蜂者有权拒绝任何形式的乱收费、乱罚款和乱摊派等行为，并向有关部门举报。

第四章　蜂群疫病防控

第十九条　蜂群自原驻地和最远蜜粉源地起运前，养蜂者应当提前3天向当地动物卫生监督机构申报检疫。经检疫合格的，方可起运。

第二十条　养蜂者发现蜂群患有列入检疫对象的蜂病时，应当依法向所在地兽医主管部门、动物卫生监督机构或者动物疫病预防控制机构报告，并就地隔离防治，避免疫情扩散。

未经治愈的蜂群，禁止转地、出售和生产蜂产品。

第二十一条　养蜂者应当按照国家相关规定，正确使用兽药，严格控制使用剂量，执行休药期制度。

第二十二条　巢础等养蜂机具设备的生产经营和使用，应当符合国家标准及有关规定。

禁止使用对蜂群有害和污染蜂产品的材料制作养蜂器具，或在制作过程中添加任何药物。

第五章　附　　则

第二十三条　本办法所称蜂产品，是指蜂群生产的未经加工的蜂蜜、蜂王浆、蜂胶、蜂花粉、蜂毒、蜂蜡、蜂幼虫、蜂蛹等。

第二十四条　违反本办法规定的，依照有关法律、行政法规的规定进行处罚。

第二十五条　本本办法自2012年2月1日起施行。

附录 2 国际蜂联关于伪劣蜂蜜的声明

1. 国际蜂联（APIMONDIA）关于伪劣蜂蜜的声明原文

APIMONDIA STATEMENT ON HONEY FRAUD

JANUARY 2019

1. PURPOSE

APIMONDIA Statement on Honey Fraud is the official position of API-MONDIA regarding honey purity, authenticity and the best available recommended methods to detect fraud.

This Statement aims to be a trusted source for authorities, traders, supermarkets, retailers, manufacturers, consumers and other stakeholders of the honey trade chain to ensure they stay updated with the developments of testing methodologies regarding honey purity and authenticity.

2. RESPONSIBILITY

The APIMONDIA Working Group on Adulteration of Bee Products will be the responsible body for the preparation and reviewing of this Statement at yearly intervals or whenever significant new information becomes available that the group becomes aware of.

The Working Group will ensure through consultation with the leading honey scientists, technical experts, specialist honey laboratories or others with sufficient market knowledge, that the Statement is reflective of the most up-to-date information and collective thinking on the topic.

Due to the dynamic nature of honey fraud, this Statement is intended to be reviewed and updated periodically, and every time significant scientific advances occur in any of the fields covered by the document. Updates will be published on the APIMONDIA website and other appropriate publications.

3. THE TRANSFORMATION OF NECTAR INTO HONEY

Honey is a one-of-a-kind product, the result of a unique interaction of the plant and animal kingdoms.

Honey maturation starts with the uptake of nectar and/or honeydew in the bee honey stomach while the foraging bees complete their load of nectar in the field and in their return flight (Nicolson and Human, 2008). It is inseparable from the drying process and involves the addition of enzymes and other bee-own substances, the lowering of pH through the production of acids in the bee stomach and the transformation of nectar/honeydew-own substances (Crane, 1980). Furthermore, a considerable microbial population exists at the initial stages of the maturation process that could be involved in some of these transformations, such as the biosynthesis of carbohydrates (Ruiz-Argueso and Rodriguez-Navarro, 1975).

The transformation of nectar into honey is the result of thousands of years of evolution by bees to achieve a long-term provision of food for their own use when there is no nectar flow from the surroundings of the colony. The reduced water content, the elevated concentration of sugars, the low pH and the presence of different antimicrobial substances make honey a non-fermentable and long lasting food for bees. An eventual fermentation of food reserves is an undesirable process for bees since it produces ethanol, which is toxic to them and affects their behaviour in a similar way than to other vertebrates (Abramson *et al.*, 2000). During the ripening process, bees also add enzymes like invertase, which helps to invert sucrose into more stable simple sugars as glucose and fructose, and glucose oxidase, essential for the production of gluconic acid and hydrogen peroxide, which in turn prevent fermentation (Traynor, 2015).

The transformation of nectar continues inside the hive when non-foraging bees ripen nectar both, by manipulating it many times with their mouthparts and by reallocation. Actually, the allocation and relocation of the content of many cells before final storage is an important part of the ripening process and needs sufficient space in the beehive for its normal occurrence.

Eyer et al. (2016) provide evidence for the occurrence of both passive and active mechanisms of nectar dehydration inside the hive. Active dehydration occurs during 'tongue lashing' behaviour, when worker bees concentrate droplets of regurgitated nectar with movements of their mouthparts. By contrast, passive concentration of nectar occurs through direct evaporation of nectar stored in cells and depends on the conditions inside the beehive, being faster for smaller sugar solution volumes, displaying a larger surface area (Park, 1928).

As the nectar is dehydrated, the absolute sugar concentration rises, rendering the ripening product increasingly hygroscopic. Bees protect the mature product by sealing off cells filled with honey with a lid of wax. Therefore, the ripening process finishes when capping has already started, suggesting the possibility of a race against honey dilution (and unwanted fermentation) due to the high hygroscopic nature of mature honey (Eyer et al. , 2016) .

A colony possesses a division of labour between foraging and food – storing bees, and can adapt its nectar collecting rate by stimulating non – foragers to become foragers (Seeley, 1995) . If honey is harvested when still unripe by the beekeeper, non – foraging bees would become foragers earlier, thus increasing the harvesting capacity of the colony. This mode of production violates the principles of honey production, alters the composition of the final product which does not meet the expectations of consumers.

4. THE EXPECTATION OF CONSUMERS

Stone paintings from prehistoric times (Paleolithic period, 15, 000 to 13,500 B. C.) show us that humans were indeed hunters of this natural and sweet food entirely prepared by bees that needs no manipulations by humans to be ready to eat. Honey was the only sweetener for thousands of years, as the use of sugar cane is reported since approximately the 4th century B. C. and restricted to those parts of the world where it was endemic (Warner, 1962) . Sugar beet was the result of breeding in the 18th century (Biancardi, 2005) .

The product that was accessible to early honey hunters must be assumed to be honey in sealed combs instead of immature products, which would be simply too difficult to handle (lower viscosity, storage) and would not have the desired microbial stability for long – term storage. Consequently, early humans were exposed to ripe honey when consuming this precious food, giving rise to certain expectations regarding organoleptic projkiiperties of honey.

As honey was the only available sweetener at those times, it was soon attempted to practice beekeeping in a way to provide access to capped combs as a source of both ripe honey and beeswax. That attempt has also been documented by the interest of ancient scientists in the mechanisms of the bee – colony. One of the earliest descriptions of the division of tasks within the colony is attributed to Aristotle. Furthermore, the fact that honey is a unique and highly estimated product by man, may also be concluded from its important role in essentially all world religions, either as an offering food, a product with healing properties, as part of food for deities, or simply as allegories (Crane, 1999).

In summary, the expectation by human beings about honey has been transmitted from generation to generation up to the modern honey consumer, who appreciates the properties and nature of honey as never before in history. And, as opposed to other foods, whose manufacturing practices and consumer tastes may change, honey perception by humans has not changed as it is nowadays consumed in practically the same way as it was in ancient times.

5. ABOUT THE DEFINITION OF HONEY

Codex Alimentarius (1981; CA), the internationally accepted standard for foods issued by the FAO, contemplates the aforementioned biological aspects of honey production and defines:

"Honey is the natural sweet substance produced by honey bees from the nectar of plants or from secretions of living parts of plants or excretions of plant sucking insects on the living parts of plants, which the bees collect, transform by combining with specific substances of their own, deposit, dehydrate, store and leave in the honey comb to ripen and mature".

APIMONDIA adheres to the CA definition of honey and to its description of essential composition and quality factors (CA, Section 3):

"3. 1 Honey sold as such shall not have added to it any food ingredient, including food additives, nor shall any other additions be made other than honey. Honey shall not have any objectionable matter, flavour, aroma, or taint absorbed from foreign matter during its processing and storage. The honey shall not have begun to ferment or effervesce. No pollen or constituent particular to honey may be removed except where this is unavoidable in the removal of foreign inorganic or organic matter.

3. 2 Honey shall not be heated or processed to such an extent that its essential composition is changed and/or its quality is impaired.

3. 3 Chemical or biochemical treatments shall not be used to influence honey crystallization."

APIMONDIA understands that the use of "shall" or "shall not" in Section 3 of CA makes it not optional but mandatory.

As described in Section 3. 1 to 3. 3, the transformation of nectar into honey must be completely made by bees. No human intervention in the process of maturation and dehydration, neither any removal of constituents particular to honey are permitted. A constituent particular to honey is any substance naturally occurring in honey like sugars, pollen, proteins, organic acids, other minor substances and, of course, water.

The definition of CA further rules out any additions to honey (including those substances that are contained naturally in honey such as water, pollen, enzymes, etc.), nor any treatment intended to change honey's essential composition or impair its quality. Such non-permitted treatments include (but are not limited to) the use of ion-exchange resins to remove residues and lighten the colour of honey, and the active removal of water from honey with vacuum chambers or other devices.

It is known that under certain climatic conditions, e. g. tropical climates, even honey in capped combs may have a moisture content over the requirement of CA in Section 3.4. According to APIMONDIA's opinion it is acceptable to store frames with a little extra excess humidity in a dry room in order to both prevent further uptake of moisture from the environment and to adjust honey moisture in the frames to the required limits before extraction. This practice resembles the passive evaporation normally occurring inside the beehive.

In summary, according to APIMONDIA's understanding, honey is the result of a complex process of transformation of nectar/honeydew that occurs exclusively inside the beehive. Honey is unique because of its production process and its composition. Water, as well as glucose, fructose, other sugars, proteins, organic substances and other natural components are definitely considered constituents particular to honey that cannot be removed.

6. OVERVIEW

It is historically well documented that honey has long been subject to fraud (Crane, 1999), however the conditions for honey fraud have never before been so well aligned:

1. honey is becoming a scarce and expensive-to-produce product;

2. there is an opportunity for strong profits through fraud;

3. the modes of honey adulteration rapidly change;

4. official method, EA-IRMS (AOAC 998.12), cannot detect most current modes of honey adulteration.

Honey fraud is a criminal and intentional act committed to obtain an economic gain by selling a product that is not up to standards.

Different types of honey fraud can be achieved through:

1. dilution with different syrups produced, e. g. from corn, cane sugar,

beet sugar, rice, wheat, etc. ;

2. harvesting of immature honey, which is further actively dehydrated by the use of technical equipment, including but not limited to vacuum dryers;

3. using ion - exchange resins to remove residues and lighten honey colour;

4. masking and/or mislabelling the geographical and/or botanical origin of honey;

5. artificial feeding of bees during a nectar flow.

The product which results from any of the above described fraudulent methods shall not be called "honey" neither the blends containing it, as the standard only allows blends of pure honeys.

7. MODES OF HONEY PRODUCTION

APIMONDIA has a role in guiding a sustainable development of apiculture globally and always supporting the production of high quality authentic natural honey containing all the complex properties given by nature.

APIMONDIA supports those production methods that allow bees to fully do their job in order to maintain the integrity and quality of honey for the satisfaction of consumers who seek all the natural goodness of this product.

APIMONDIA rejects the developing of methods intended to artificially speed up the natural process of honey production through an undue intervention of man and technology that may lead to a violation of the honey standard (Table 1).

8. THE IMPACT OF HONEY ADULTERATION

Information coming from global honey trade statistics, official surveys and private laboratories on the prevalence of honey fraud, allow us to conclude that fraud mechanisms are responsible for the injection of a very important volume of diluted and/or non - conforming honeys into the market.

The current honey fraud problem has an extensive global magnitude, and impacts on both the price of honey and the viability of many beekeeping operations.

The Executive Council of APIMONDIA has recently defined honey fraud as one of the two major challenges to the viability of beekeeping globally. APIMONDIA aims to play an increasingly important role in driving solutions to honey fraud in the future as the voice that represents world beekeepers.

According to the U. S. Pharmacopeia's Food Fraud Database, honey ranks as the third "favourite" food target for adulteration, only behind milk and olive oil (United States Pharmacopeia, 2018). Similarly, the European Union has identified honey to be at high risk to be fraudulent (European Parliament, 2013).

The European Commission (2018) considers that four essential elements must be present in a case of food fraud:

ⅰ) intentionality;

ⅱ) violation of law (in this case, the CA definition of honey);

ⅲ) purpose of economic gain;

ⅳ) consumer's disappointment.

Table 1: Modes of honey production that violate the Codex Alimentarius Standard

MODE OF PRODUCTION	WHAT IS VIOLATED?
One - box Langstroth - type beehive during honey crop.	—No adequate space/surface for the complete natural dehumidification and transformation of nectar into honey. —Higher levels of chemical residues, substances untypical to honey, or substances in uncommon concentrations in honey.
Harvesting of immature honey by the beekeeper.	—Bees have insufficient time to dehydrate and add specific substances of their own by multiple manipulations. —The transformation of nectar into honey is only partially made by bees, and human intervention completes the process in an illicit manner.
Honey dehydration with technical devices, such as vacuum dryers, etc.	—Water is a constituent particular to honey, which cannot be removed by some technical devices replacing the natural work of bees.
Use of Ion - Exchange Resins to remove residues and lighten the colour of honey.	—Honey shall not be processed to such an extent that its essential composition is changed and/or its quality is impaired. No pollen or constituents particular to honey may be removed.
Feeding bees during a nectar flow.	—Honey can only be produced by honey bees from the nectar of plants or from secretions of living parts of plants or excretions of plant - sucking insects on the living parts of plants.

Honey fraud in its five different modes has resulted in at least three visible consequences in the international market: ⅰ) a downward pressure on pure honey prices due to an oversupply of the product, ⅱ) a disincentive to produce and export pure honeys by several traditional countries, which have shown significant decreases in their export volumes during the past years, and ⅲ) the appearance of new exporting countries, that re - export cheap imports, straightly or in blends, as locally produced.

As long as honey fraud, customs fraud and the violation of national and international trade laws persist, the wellbeing and stability of world beekeepers remain in jeopardy. With only some exceptions, current honey prices paid to the beekeeper are not sustainable. If the current situation of low prices persists, many beekeepers will abandon the activity, and those who decide to continue will not be incentivized to keep their current number of beehives.

Honey fraud goes against defending honey's image as a natural product and against efforts to protect honest beekeeping. It also happens at the expense of consumers who often do not receive the product they expect and pay for. The overall result is a threat to food safety, food security and ecological sustainability.

In order to better understand the magnitude of the problem, we must remember that honey is the best - known product of bees but surely not the most important one. Bees, through their pollination work, are essential for the maintenance of the planet's biodiversity and absolutely necessary for the pollination of many crops that represent 35% of all our food.

9. THE SOLUTION

The strategy to combat honey fraud must include:

—awareness of the beekeeping community through presentations and publications;

—awareness of consumers through the media;

—awareness of retailers and packers on the need to improve testing in countries with legislation that does not fulfill the criteria of the CA and whose product could not be exported to countries where the CA standard applies;

—awareness and collaboration with national authorities who should periodically review their honey standards and use the best available methods for the detection of honey fraud;

—awareness and collaboration with multinational authorities and institutions.

10. RECOMMENDATIONS FOR ASCERTAINING AUTHENTICITY OF HONEY

APIMONDIA recommends the use of a multi - pronged approach strategy to combat honey fraud through:

a. Traceability

APIMONDIA recommends that honey should be able to be traced back to the beekeeper, to the botanical floral source from where the bees gathered the nectar and to the geographic location of the apiary. Beekeepers should keep records that document their production process as consumers demand transparency of the whole supply chain. APIMONDIA considers this an integral part of modem Good Beekeeping Practices.

b. Testing

Honey fraud, as other modes of food fraud, is a dynamic phenomenon. Effectiveness of methods to detect honey fraud normally decreases after some time due to the successful learning process on the fraudster's side. Ethical stakeholders of honey trade and processing should always go a step forward, and not a step behind, in their commitment to minimize the probability of occurrence of fraud by always using the best available method (s) to detect it.

Many different kinds of syrups (some of them specially designed to adulterate honey) are currently available. These syrups display varying patterns of minor components and trace compounds, which are often used as analytical markers. It is practically impossible to have a single and perdurable method able to detect all kinds of honey fraud. By contrast, as fraud involves criminal intentions, variations in fraud practices have to be expected.

According to standards in the food sector, such as BRC or IFS, a proper risk assessment has to be conducted and appropriate measures have to be applied. That may involve organizational as well as analytical measures. It has to be emphasized that, due to the dynamic nature of fraud, not only official and/or traditional methods are suitable for testing, but also the adequate application of novel technologies are indicated.

The importance of applying suitable testing regimes, not only covering methods required by authorities, has to be emphasized due to the limitations of official methods, e. g. the AOAC official method 998. 12 "Internal Standard Stable Carbon Isotope Ratio". It is well known that the AOAC official method can detect reliably and sensitive additions of syrups derived from C4 – plants, but fails to detect many other types of syrup. The sole use of the AOAC method under the argument that it is the only official method may deliberately be used to whitewash adulterated honey. APIMONDIA does not endorse such practice because it neglects other certain risks. According to standards of the food sector, such as BRC or IFS, the aforementioned behaviour by some stakeholders ignores the requirement of establishing a risk - assessment procedure with the corresponding preventive actions in their operations.

APIMONDIA highly recommends a choice of method (s) tailored to each specific situation. In most cases, a proper honey fraud detection strategy should include a powerful screening method like Nuclear Magnetic Resonance (NMR). NMR is currently the best available method to detect the different modes of honey fraud. In case non - conformance are found by NMR, other targeted tests may be useful in complement to better clarify the origin of deviations.

In some cases, a combination of other targeted tests (e. g. AOAC 998. 12, honey - foreign enzymes, small molecule or DNA - based syrup - specific markers, honey - foreign oligosaccharides, LC - IRMS, artificial food ingredients and acids indicative for invert sugar) may also be useful.

Pollen and organoleptic testing, along with other honey components, are considered good complementary parameters to determine the geographic and botanical authenticity of honey. Care should be taken, however, for some specific regions where some plants are known to secrete nectar but not pollen.

It is interesting to note that, due to the nature of honey fraud, it is not infrequent that the results of a method may need to be clarified by the use of other alternative tests.

The decision taken regarding the best testing method (s) to be used should be the result of a detailed risk - assessment that should consider the origin of the product, the history of honey adulteration cases from that origin, trade movement statistics and the most usual modes of production and adulteration used in that region or country of origin. It has to be strongly noted that the selection of method (s) has to be periodically checked in accordance with new scientific insights.

APIMONDIA supports the development of new techniques to detect honey fraud, available at reasonable costs for the majority of stakeholders, and supports the constitution of an international database of original honeys with a more open exchange of analytical information between the different laboratories specialized in honey analysis.

c. Auditing & Quality Assurance Programmes

APIMONDIA recommends that business stakeholders, who import or export honey, or who process or produce more than 20 tons/year, have in place a Food Safety and Quality Assurance programme.

Third-party audits of Food Safety and Quality Assurance programmes are an important verification method to detect potential honey fraud, which should be used as a valuable tool to complement laboratory honey testing.

Audits should check different parameters of honey traceability, country and companies' mass trade balances and the existence of a documented Vulnerability Assessment and Critical Control Points (VACCP) in place in order to prevent honey fraud.

Finally, audits should only be performed by professionals who have an adequate knowledge of beekeeping, good beekeeping practices and honey quality parameters in order to detect possible deviations in the modes of honey production and/or processing that may result in a non-genuine product.

2. 国际蜂联（APIMONDIA）关于伪劣蜂蜜的声明译文

国际蜂联（APIMONDIA）针对伪劣蜂蜜的声明

中国养蜂学会（ASAC）译

1. 目的

该声明是国际蜂联关于蜂蜜的纯度、真伪性，以及检测伪劣蜂蜜的最适用方法的官方立场。

该声明旨在为各权威机构、贸易商、超市、零售商、制造商、消费者以及其他与蜂蜜贸易相关利益者提供可信赖的依据，以确保大家能够及时了解检测蜂蜜纯度及真伪性方法的最新进展。

2. 职责

国际蜂联蜂产品打假工作小组将作为责任主体，预计会每年修订和公布新版本声明，从而让大家获得最重要的新信息。

该工作小组将与从事蜂蜜研究的顶尖科学家、技术专家、专门蜂蜜实验室或其他有丰富市场经验的从业者沟通，以确保该声明的信息覆盖的广泛性和及时性。

由于蜂蜜欺诈行为的多样性，本声明会定期修订更新，将涵盖相关领域的重大科学进展，并在国际蜂联网站及相关出版物上及时发布。

3. 从花蜜到蜂蜜的转化

蜂蜜是独一无二的产品，是动植物王国特有的合作结晶。

成熟蜂蜜来自蜜蜂采集花蜜和（或）甘露，蜜蜂在采集和返回蜂巢时将花蜜存入胃中，与接下来的脱水过程密不可分，还包括添加酶和其他蜜蜂特有的成分，以及通过蜜蜂胃酸和花蜜（甘露）中自身成分转化来降低 pH。此外，在蜂蜜成熟的初期阶段存在大量的微生物菌群，这些微生物可能参与了一些转化反应，例如糖类的生物合成。

将花蜜转化为蜂蜜是蜜蜂经过数千年进化的结果，当蜂群周边没有流蜜的植物时，蜜蜂为自己提供了长期的食物储备。降低含水量、升高糖浓度、低pH 以及包含多种抗菌物质，使蜂蜜成为不会发酵且可长期储存的食物。对于蜜蜂而言，储存的蜂蜜发酵是非常糟糕的事情，因为发酵产生的乙醇对蜜蜂有毒。乙醇不仅会影响脊椎动物的行为，而且也会影响蜜蜂的行为。在成熟转化过程中，蜜蜂也会添加一些酶，例如有助于把蔗糖转化成葡萄糖和果糖等稳定单糖的转化酶，以及葡糖氧化酶。葡糖氧化酶可以催化葡萄糖产生葡萄糖醛酸和过氧化氢，这两种成分可以有效地抑制蜂蜜发酵。

在蜂巢内，非采集蜂用它们的口器不断地加工以及再分配花蜜，使花蜜持续地转化成蜂蜜。事实上，在最后储存之前，在蜂巢之间不断地转移花蜜是蜂蜜成熟过程的重要组成部分，这就要求蜂巢必须有足够的空间。

Eyer 等（2016）的研究证明了蜂蜜在蜂巢中具有主动和被动脱水两种机制。主动脱水是通过蜜蜂的"舌囊回流"实现的，即工蜂通过口器反复地将花蜜从蜜囊吐到伸出的吻，然后再吞回蜜囊。被动脱水是花蜜储存进蜂巢后水分直接蒸发的过程。被动脱水取决于蜂巢内部环境，巢内花蜜体积越小，表面积越大，水分蒸发越快。

蜂蜜脱水后，糖浓度随之升高，成熟中蜂蜜的吸湿性也加大。蜜蜂用蜂蜡封住装满蜂蜜的巢房，以保护成熟中的蜂蜜。至此，当巢房被蜂蜡封上盖时，宣告了蜂蜜成熟过程的结束。由于成熟蜂蜜具有高吸湿性，这也是一场成熟与稀释（或者发酵）的比赛。

在一个蜂群内部，蜜蜂会有采集和储存食物的分工，并且可以通过刺激使非采集蜂成为采集蜂，来增加花蜜的采收率。如果养蜂者在蜂蜜成熟前收获蜂蜜，会导致非采集蜂更早地变成采集蜂，从而提高蜂群的采蜜能力。但是，这种生产方式违反了蜂蜜的生产准则，会改变最终产品的成分组成。这种产品也不是消费者期望的产品。

4. 消费者的期望

史前时代（旧石器时代，公元前 15 000 到 13 500 年）的壁画，向我们展示了人类采集这种完全由蜜蜂制作而非人为控制的、即食的天然甜食的画面。

蜂蜜在数千年间是唯一的甜味剂。直到公元前四世纪，甘蔗开始在世界上有限的区域种植，甜菜则是在 18 世纪才被选育出来。

早期人类就喜欢采收被密封在蜂巢里的蜂蜜，而非未成熟的蜜。未成熟的蜜黏度低、储存量少，没有稳定的微生物菌群，不能长期储存。因此，早期人类在享用这种珍贵的食物时，接触到的就是成熟蜂蜜，从而形成了对成熟蜂蜜的感官特性的期待。

由于蜂蜜是当时唯一的甜味剂，早期人类很快就尝试起了养蜂，他们用封盖的蜂巢收集蜂蜜和蜂蜡。对蜂群机制有兴趣的古代科学家也记录下了这种尝试。亚里士多德是最早记录蜂群分工的科学家之一。此外，人们对蜂蜜的评价很高，这可以从其在全世界宗教中重要地位上体现出来，既可以作为供奉的食物，也可以作为治愈伤病的良药。总之，人们对蜂蜜的期望代代相传，流传至今。现代蜂蜜消费者对蜂蜜天然特性的喜爱，更是前所未有的。而且，相对于其他食物的生产和消费品位的多变性，人们对蜂蜜的感知几乎依然如故，自古未变。

5. 关于蜂蜜的定义

国际食品法典委员会（1981，CA）是联合国粮食及农业组织（FAO）认可的、国际上公认的食品标准制定者，其考虑了蜂蜜生产的上述生物学特性，给出如下定义：

"蜂蜜是指蜜蜂采集植物花蜜或植物活体分泌物或在植物活体上吮吸蜜源的昆虫排泄物等生产的天然甜味物质，是由蜜蜂采集，与其自身分泌的特有物质混合，经过转化、沉积、脱水、储存并留存于蜂巢中直至成熟。"

国际蜂联遵循国际食品法典委员会对蜂蜜的定义，以及蜂蜜的基本成分和质量指标的规定：

"3.1 销卖的蜂蜜不应包含任何食品配料，包括食品添加剂，以及蜂蜜以外的其他任何添加物；蜂蜜应无任何令人反感的物质、杂味、香味，以及在加工和储存期间不得有外来的污染物；蜂蜜不应有发酵或起泡现象；花粉或蜂蜜特有的物质不应去除，除非在去除外来无机或有机物质过程中不可避免。

3.2 在加热和加工过程中不应改变其基本成分的组成，和（或）影响其品质。

3.3 不应使用化学或生物化学方法处理，以免影响蜂蜜结晶。"

国际蜂联认为在国际食品法典蜂蜜标准第三节中的"应"与"不应"是强制的，而非可选择的。

正如 3.1 至 3.3 所述，花蜜转化为蜂蜜的过程必须完全由蜜蜂来完成。人类不仅不得干预蜂蜜成熟或脱水的过程，而且也不允许去除蜂蜜中的固有成分。蜂蜜的固有成分是蜂蜜中天然存在的所有物质，如糖、花粉、蛋白质、有机酸，以及其他微量物质，当然也包括水。

国际食品法典的定义进一步规定了蜂蜜不仅不应包含任何添加物（包括天然存在于蜂蜜中的物质，如水、花粉、酶等），而且也不应做出任何旨在改变蜂蜜基本成分的组成或损害其质量的加工处理。此禁止事项包括（但不限于）使用离子交换树脂去除残留物或使蜂蜜颜色变浅，以及使用真空室或其他装置从蜂蜜中主动地去除水分。

众所周知，在某些气候条件下，如热带气候，即使蜂蜜被存储在封盖的蜂巢中，其含水量可能依然超过国际食品法典 3.4 中的规定。国际蜂联认为，为了避免蜂蜜从环境中吸收更多水分，可以将超标的蜜脾存放在干燥的房间中。直到蜜脾中蜂蜜水分达到标准要求值，然后再提取蜂蜜。此做法类似于蜂巢中常见的被动脱水机制。

总之，国际蜂联认为，蜂蜜是花蜜、蜜露或甘露在蜂巢内经过复杂的过程转化而成熟的。蜂蜜的独特之处在于其生产过程和成分组成。蜂蜜中的水、葡萄糖、果糖、其他糖类、蛋白质、有机物质和其他天然成分是蜂蜜所固有的、不能去除的成分。

6. 总览

史料记载表明，长久以来蜂蜜欺诈行为始终存在。但是，蜂蜜造假的条件从未如此齐全：

（1）蜂蜜正成为一种稀缺且价格昂贵的商品；

（2）通过造假，有机会获得丰厚的利润；

（3）蜂蜜造假手段瞬息万变；

（4）官方检测方法 EA–IRMS（AOAC 998.12）无法检测出绝大多数现有造假模式。生产伪劣蜂蜜是故意的犯罪行为，是通过销售不合格的产品获取经济利益。

以下方式均可认为是生产伪劣蜂蜜：

（1）用不同种糖浆进行稀释，如玉米糖浆、甘蔗糖浆、甜菜糖浆、大米糖浆、小麦糖浆等；

（2）收获未成熟蜂蜜，利用设备（包括但不限于真空干燥机）进一步主动地脱水；

（3）用离子交换树脂去除蜂蜜中的残留物，使蜂蜜颜色变浅；

（4）掩盖或（和）错误标识蜂蜜的地理或（和）蜜源信息；

（5）在流蜜期人工饲喂蜜蜂。

用上述违规方式生产的伪劣蜂蜜产品不得称作"蜂蜜"或是"混合蜂蜜"。因为依照标准规定，混合蜂蜜只能是纯蜂蜜之间的混合。

7. 蜂蜜的生产模式

国际蜂联致力于指导全球养蜂业可持续发展，始终支持生产高品质的、纯正的、有自然赋予特性的天然蜂蜜。

国际蜂联支持能让蜜蜂充分发挥作用的生产方式，以保持蜂蜜的完整和品质，从而满足追求产品自然品质的消费者。

国际蜂联反对使用人为加速蜂蜜自然成熟过程的生产方式，这种通过人为或技术手段干预蜂蜜天然生产过程，违反了蜂蜜标准的规定（见表1）。

表 1　违反食品法典标准的蜂蜜生产模式

生产模式	违规原因
在蜜蜂采蜜期只使用一个活框式蜂箱	一花蜜没有足够的空间或者表面积进行自然除湿和转化成蜂蜜 一高化学物残留，非正常物质残留，或者蜂蜜成分浓度异常
收获未成熟的蜂蜜	一蜜蜂缺乏足够时间对蜂蜜进行脱水，或添加自身特有成分 一蜜蜂只部分地参与了花蜜转化为蜂蜜的过程，人为不当地干预了蜂蜜转化过程
用真空干燥机等技术手段为蜂蜜脱水	一水是蜂蜜中的一种固有成分，不能用技术手段代替蜜蜂去除水分
用离子交换树脂去除蜂蜜中的残留物，使蜂蜜颜色变浅	一蜂蜜加工不应改变蜂蜜的基本成分组成或（和）降低蜂蜜品质。不得去除蜂蜜中的花粉或其他固有成分
在流蜜期人工饲喂蜜蜂	一蜂蜜只能是由蜜蜂采集植物花蜜或植物活体分泌物或在植物活体上吮吸的蜜源昆虫排泄物生产的

8. 蜂蜜掺假的影响

通过全球蜂蜜贸易统计数据、官方调查和私立实验室提供的有关伪劣蜂蜜的流通信息，我们获知主要的蜂蜜欺诈行为是向市场销售大量稀释蜂蜜或（和）不合格蜂蜜。

目前，伪劣蜂蜜问题已在全球泛滥，严重影响着全球的蜂蜜价格和养蜂人生存。

国际蜂联执行委员会最近把伪劣蜂蜜问题看成是全球养蜂业生死存亡的两大挑战之一。国际蜂联旨在为全世界养蜂人发声，在推进解决伪劣蜂蜜问题中发挥越来越重要的作用。

《美国药典》的食品造假数据库中，蜂蜜被列为第三大"最受造假者喜爱的"食品，仅次于牛奶和橄榄油。同时，欧盟也认为蜂蜜是造假高风险产品。

欧洲联盟委员会认为食品造假存在4个基本要素：①意图性；②违反法律法规（国际食品法典对蜂蜜的定义）；③以获利为目的；④违反消费者的期望。

上述 5 种方式生产的伪劣蜂蜜，将会在国际市场上导致至少 3 个严重后果：①大量低质蜂蜜将导致纯正蜂蜜的价格下降；②抑制了生产以及出口纯正蜂蜜，这些传统国家的蜂蜜出口量在近几年内明显下降；③出现了一些新的蜂蜜出口国家，他们通过直接或混合廉价进口蜂蜜的方式，给蜂蜜贴上"本地生产"的标签再出口。

只要伪劣蜂蜜、海关欺诈和违反国际国内贸易法律的行为依旧存在，全球养蜂人的幸福安稳生活就仍然岌岌可危。除一些例外，现阶段养蜂人的卖蜜收入是不稳定的。假如蜂蜜的价格持续低迷，大量蜂农或将放弃养蜂，继续养蜂的蜂农也没有维持现有蜂群数量的积极性。

劣质蜂蜜破坏了蜂蜜作为纯天然产品的形象，辜负了诚实养蜂人的辛劳，同时也损害了消费者的利益，使消费者得不到他们想要的产品。总体上，这种状况危害了食品安全、粮食安全及生态可持续发展。

为了更好地理解这个问题的严重性，我们必须铭记，蜂蜜虽不是蜂产品中的佼佼者，但是美名远扬。蜜蜂通过传粉，在保持地球生物多样性和为提供 35％食物的农作物授粉方面，起到了不可或缺的作用。

9. 解决方案

打击伪劣蜂蜜的策略应包括：

——通过宣讲和出版物让大众了解养蜂业；

——通过媒体增强消费者的意识；

——应增强销售商和分装厂商检测的意识，特别是要针对那些立法不符合国际食品法典要求的国家，使其产品不能出口到执行 CA 标准法规完善的国家；

——加强国内执法机构的合作，定期评估其蜂蜜标准，使用最先进的方法检测劣质蜂蜜；

——加强跨国执法机构和科研院所的合作。

10. 辨别蜂蜜真实性的建议

国际蜂联推荐采用多种组合方式，打击蜂蜜掺假：

（1）可追溯性。国际蜂联建议蜂蜜应能追溯到蜂农、蜜源植物，以及蜂场的地理位置。养蜂人应保留生产过程记录档案，以应对消费者对整个产品供应链透明化的要求。国际蜂联将此作为现代蜂业"良好养蜂规范"的重要组成部分。

（2）检验。蜂蜜掺假和其他食品造假一样是一个动态过程。由于造假者的成功破解，检测伪劣蜂蜜方法的有效性经过一段时间以后会随之下降。蜂蜜贸易和生产的利益相关方应携手先人一步，而非落后一步，通过使用最先进可靠的检测方法，将造假的可能性降至最低。

目前，有多种不同的糖浆（有些还是专门为掺假蜂蜜设计的）。这些糖浆中的微量和痕量成分在组成上有所不同，这些成分可以作为鉴别糖浆的标记物。但是，事实上不存在一种简单、永久性的方法来检测各种掺假蜂蜜。相反，制造掺假蜂蜜终究是一种犯罪行为，我们可以想象到这种掺假方式的多样性。

依照食品行业标准规定，如英国零售商协会（BRC）和国际食品质量与安全审核标准（IFS），应当进行适当的风险评估，并采取合适的措施。这些措施可能包括组织性和分析性措施。必须强调的是，由于蜂蜜掺假的动态性，不仅仅官方或（和）传统的方法可以用于检测，而且也应该使用一些新检测技术。

使用合适的检测体系是十分重要的。不能仅仅强调官方要求的检测方法，因为官方方法也是有局限性的，如美国农业化学家协会官方方法 AOAC 998.12"内标稳定碳同位素比率法"。众所周知，这个 AOAC 官方方法能够有效检测出源自碳四植物的糖浆，可是无法检测其他类型的糖浆。这种官方规定的唯一方法，当遇到争议时可能会被用来"洗白"掺假蜂蜜。国际蜂联不赞同这种唯一官方方式，因其忽略了其他风险。依照食品标准的规定，如 BRC 和 IFS，部分商家和利益相关方的上述行为忽略了法规要求，要求企业进行适当预防性的风险评估。

国际蜂联强烈呼吁针对特殊情况应选择专门的方法。多数情况下，好的掺假蜂蜜检测方法应该包括有力的筛查手段，如核磁共振法（NMR）。NMR 是目前检测不同蜂蜜造假方式的最佳方法。当 MNR 不适用的时候，也可使用其他靶向检测，以更好地发现偏差来源。

在某些状况下，也可以把多种靶向检测结合在一起使用。例如，AOAC 998.12，蜂蜜外源性酶、小分子或基于脱氧核糖核酸的糖浆特异标记、蜂蜜外源性低聚糖、LC - IRMS（液相色谱-同位素质谱联用）、人工食品添加剂，以及能转化糖的酸。

花粉和感官检测，以及蜂蜜其他成分，也可作为判断地理和蜜源真实性的可靠参数。需要注意的是，在一些特殊地区，一些植物可以分泌花蜜但没有花粉。

基于蜂蜜掺假的特点，一种检测方法得到的结果常常需要用其他检测方法加以验证。

考虑使用何种检测方式为最佳的时候，需要根据产品来源、过去的蜂蜜造假案例、贸易活动统计数据，以及蜂蜜产地最常见的生产和掺假模式，经过细致的风险评估做出决定。并强烈建议基于新的科学发现定期评估检测方法。

国际蜂联支持新技术的开发，基于合理的成本为广大利益相关者提供检测伪劣蜂蜜的新方法。并支持建立国际原蜜数据库，以及在各专门从事蜂蜜检测实验室之间要更开放地交换分析信息。

（3）审计与质量保障计划。国际蜂联建议蜂蜜进出口企业、加工或生产蜂蜜年产 20 吨以上公司的利益相关方，应制定"食品安全和质量保证计划"。

"食品安全和质量保证计划"的第三方审计是监察潜在伪劣蜂蜜的重要保障手段，第三方审计是实验室蜂蜜检验的有效补充。

审计应核查蜂蜜不同指标，以防止蜂蜜掺假，包括蜂蜜的追溯性、国家与公司的大宗贸易交易余额，以及是否存在记录在案的脆弱性评估和关键控制点（Vulnerability Assessment and Critical Control Points 即 VACCP）。

最后，审计工作只能由专业人士完成，审计人员需要具备足够的养蜂知识、丰富的养蜂经验和熟悉蜂蜜品质参数，以核查出可能违规生产的蜂蜜或（和）加工方式生产不合格产品。

参考资料（略）

附录3 《中国成熟蜂蜜生产技术》
读者俱乐部
入部申请表

彩照 1寸免冠	姓名：　　　　　　性别： 身份证号：	会员编号： 本会填写

籍贯：	
通信地址：	
公司名称：	
公司地址：	
职务/职称：	电话：
微信：	Fax：
手机：	E-mail：
公司网址 http：//	引荐人：
养蜂数量：	蜜蜂品种：
起始养蜂时间：	特长：
蜂场地址：	
个人简历：	自我介绍：

读者俱乐部地址：北京市海淀区农大南路硅谷亮城5号楼206

读者俱乐部网址：http：//www.chinabeekeepingclub.com

读者俱乐部邮箱：Chinabeekeeping@126.com

读者俱乐部报名电话：13031004536，13718419829，13911274421

版权所有，盗版必究！

扫二维码，看更多精彩内容　　　扫二维码，加入读者俱乐部

图书在版编目（CIP）数据

中国成熟蜂蜜生产技术 / 彭文君等编著. —北京：
中国农业出版社，2022.1（2023.5 重印）
国家科学技术学术著作出版基金项目
ISBN 978 - 7 - 109 - 29030 - 3

Ⅰ.①中… Ⅱ.①彭… Ⅲ.①蜂蜜—加工 Ⅳ.
①S896.1

中国版本图书馆 CIP 数据核字（2022）第 000839 号

中国成熟蜂蜜生产技术
ZHONGGUO CHENGSHU FENGMI SHENGCHAN JISHU

中国农业出版社出版
地址：北京市朝阳区麦子店街 18 号楼
邮编：100125
责任编辑：张丽四　　文字编辑：耿韶磊
版式设计：杨　婧　　责任校对：吴丽婷
印刷：北京通州皇家印刷厂
版次：2022 年 1 月第 1 版
印次：2023 年 5 月北京第 2 次印刷
发行：新华书店北京发行所
开本：700mm×1000mm　1/16
印张：10　　插页：6
字数：180 千字
定价：68.00 元